おいしいモモ栽培

富田 晃
［著］

農文協

まえがき

著者が長い間研究してきた核果類（モモ・スモモ・オウトウ）のうち、スモモとオウトウは結実が不安定で、いかに安定して結実させるかが大きな課題になっている。これに対し、モモの結実確保は比較的容易だが、「食味のばらつき」を指摘されることが多い。品質の揃った果実を安定してとる。モモではこれが課題であり、実現するにはじつは高度な技術が必要となる。

本書は、その核となる技術、すなわち施肥や整枝・せん定などによる樹勢調節、および摘蕾・摘花／果の着果調節を中心に、モモ栽培の基本技術――長い栽培の歴史の中で、つねにバージョンアップされ続けてきたそれを、ベースとなる樹体生理をふまえてわかりやすく解説しようとしたものである。

本書の発行元である農文協から筆者も分担執筆した『モモの作業便利帳』が出版されて16年になるが、この間、品種の変遷はもちろん、核割れの軽減と摘果の労力分散をねらいとした摘蕾による早期着果調節とか、発生が増えている果肉障害を軽減する管理の方法といった新たな開発技術も数多い。本書でもそれらについてはできるだけ取り上げている。

他の果樹でもそうだが、モモでも近年は栽培面積は漸減傾向にある。それでも、これまでモモの経済栽培の北限であった山形県を越えて、秋田県や青森県で栽培が始まるなど、新たな動きも起きている。これからのモモ栽培の可能性を信じてのことだろう。

本書は、そうしたモモの可能性にかける方、モモを新規就農の栽培品目に選んだ方はもとより、自分の栽培をもう一度基礎から見直そうと考える方、例えば新しい品種を入れたのをきっかけに一から学び直してみようと思うベテラン農家や、基礎こそ大事だと考える指導者や農業大学校、農業高校の先生方などに、役立てていただきたいと願っている。

著者は、その風土が栽培に適したこともあり、ブドウやスモモとともに日本一のモモ産地になっている山梨県で試験研究に従事している。本書の技術も多くは山梨県のそれをベースにしているが、全国の栽培に役立つよう配慮した。

最後に、本書を執筆するにあたって多くのご助言ご教示をいただいた山梨県果樹試験場の先輩諸氏、および山梨県果樹園芸会モモ部の皆様に篤く感謝申し上げます。またこのたび単行本として本書発行の機会を与えてくれた農文協にお礼申し上げる。

二〇一七年十月

富田　晃

おいしいモモ栽培
目次

第1章 開園・植え付けと若木の管理 22

第2章 モモの有望品種 38

実際編

モモの生育過程とおもな栽培管理

（農文協『果樹栽培の基礎』2004 を改変）

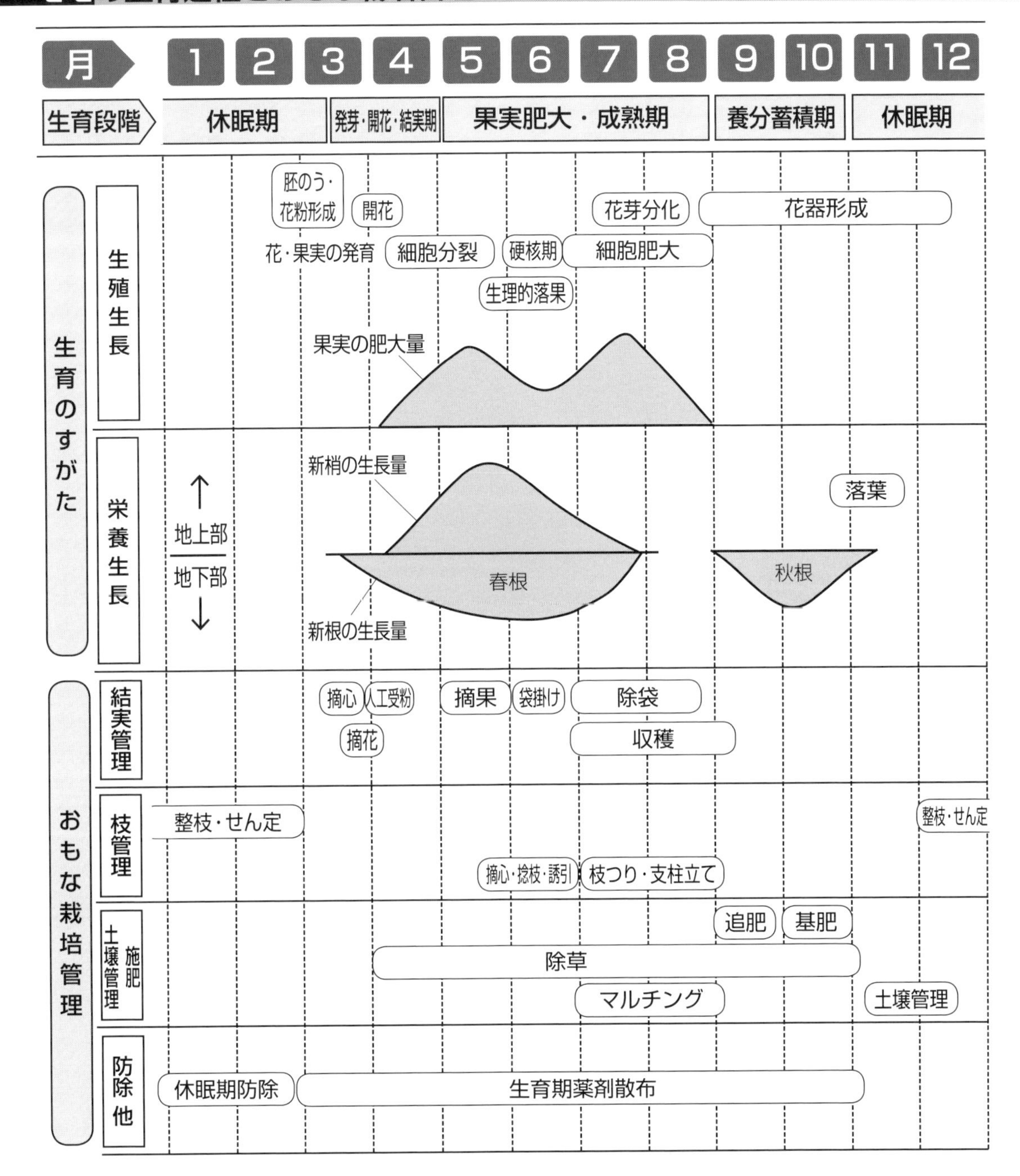

序章

おいしいモモづくりの基本
——おさえておきたい生育特性

モモの樹の特性を知る

1 理想的な生育

●開花~収穫までがわずか70~80日

モモは開花から収穫までの期間が短く、収穫の早い極早生品種では開花からわずか70~80日ほどで成熟期を迎える。また果実の糖度は着色が始まる頃、収穫の10~15日前から急激に高まる。モモでは開花から収穫まで、摘蕾・摘花、摘果による段階的な着果調節で、収穫時には1果あたり50~60枚の葉が確保される。これらの葉でつくられる光合成産物が果実内にどのくらい送り込まれるかは、同時並行で生長している新梢の停止状態が大きく関係する。

●結果枝の長さで異なる新梢停止時期

前の年に形成された葉芽が新梢として生長し、翌年の結果枝となる。この結果枝の長さによって新梢の停止時期は異なる。

短果枝と中果枝は5月下旬には生長を停止する。一方、長果枝は7月下旬まで伸長が続き、1mを超え徒長枝(発育枝)と呼ばれるような枝になると8月になってもまだ生長は続く。新梢の生長が遅くまで続くと、葉で生産された光合成産物はその生長に多く消費され、果実への分配量は著しく少なくなる。果実生産にとっては大きなマイナスとなる。

徒長枝が多く発生するような樹勢では遅くまで新梢の伸びが続き(図序-1)、変形果や核割れ、生理落果が多くなり、品質も不安定で、品種本来の特性が発揮できな

図序-1　徒長枝が多発し、樹形が乱れた樹
モモはほかの果樹に比べて頂部優勢性が弱く、基部から強い枝が発生しやすい

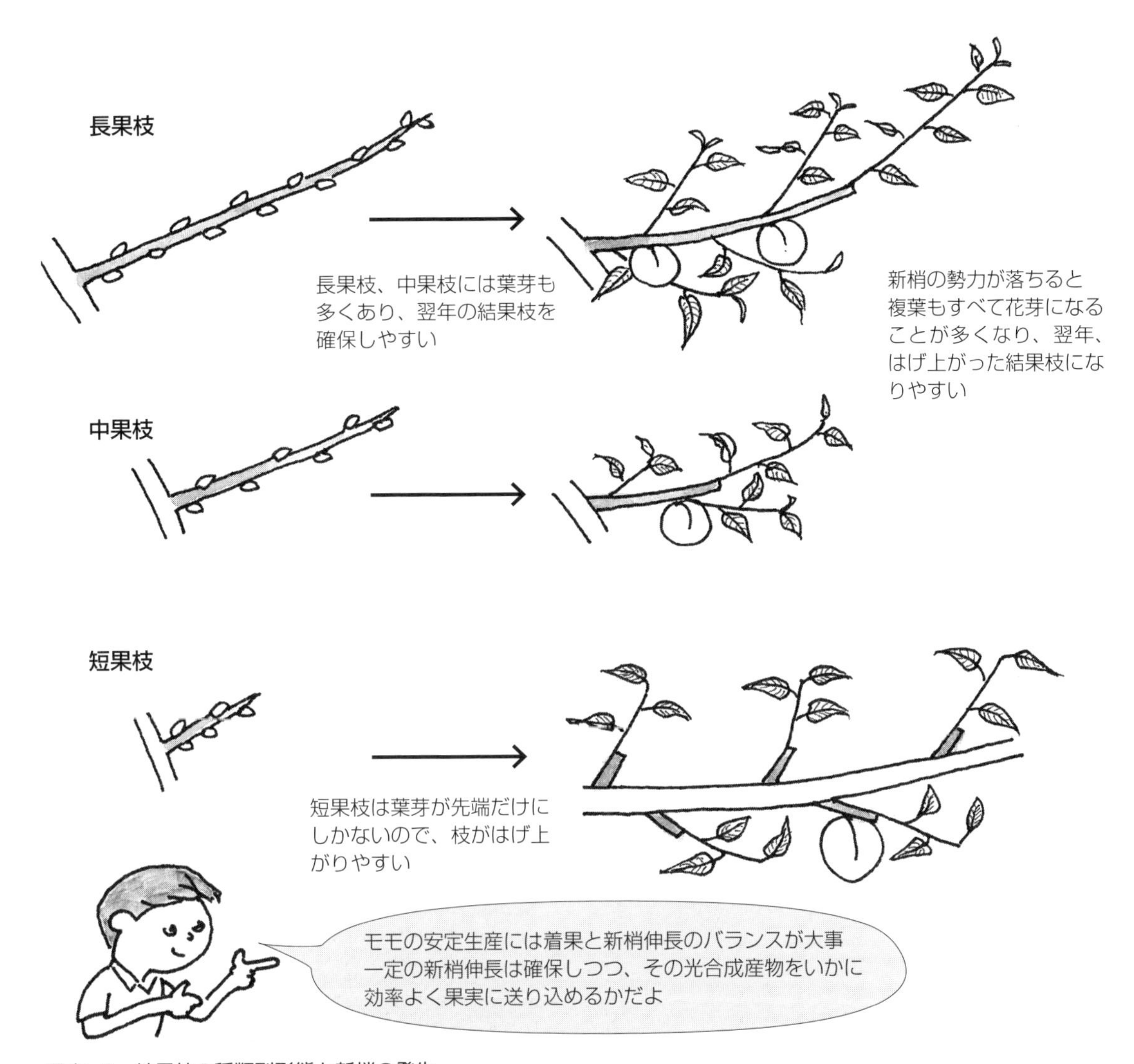

図序-2　結果枝の種類別形態と新梢の発生

い。

●着色始期の新梢停止率を80～90％に

このようなモモの特性を踏まえて、高品質な果実の生産と多収を目指すには、葉が展葉したのち、一定の葉面積を確保したら、新梢伸長が早期に停止するよう管理して、葉で生産された光合成産物の果実への分配率を高めることが重要である。

目標としては、果実の着色が始まった時点で80～90％の新梢が停止する樹勢を目指すことである。新梢停止率がこの範囲に収まっていれば、高糖度で、品種本来の着色をしたモモを安定して収穫することができる。また適正な樹勢で栽培されたモモは果形もよく、日持ちも優れる。

2 適正樹相へ導くには

●せん定の強弱

すでに述べたとおり、結果枝は長さによって長果枝、中果枝、短果枝に分けられる（図序-3）。1本の樹におけるその構成比率は樹勢の強弱によって変わる。長果枝の占める割合が20％以上、徒長枝も10本以上ある樹は、冬季せん定は間引きを中心にした弱めのせん定を心がける。逆に中果枝や短果枝の占める割合が95％を超えて、ほとんどが中・短果枝となる場合は、切り返しを主体にして勢力の回復、枝の若返りに努める。

●施肥は10月までに

施肥では樹齢や生育状況に応じて量を加減するのは当然ながら、まずチッソ過多に注意したい。また必要葉枚数を早期に確保し、新梢を遅伸びさせない肥効（肥料の効き）とするため、施肥時期は10月までとする。

●着果調節でコントロール

樹勢を調節する技術としては着果調節がもっとも基本となる。生育が旺盛な場合は、満開35～40日後に行なう仕上げ摘果の程度を軽くし、やや多めの着果量にして樹に負荷をかけ、生育の調節を図る。

最終の見直し摘果は6月に入って新梢の多く（30㎝までの新梢）が伸長を停止してから行なう。

●新梢管理と秋季せん定

好適な樹相に誘導する方策として、新梢管理や秋季せん定も重要である。樹勢が強く栄養生長（新梢伸長）が活発な場合は、強勢な新梢に捻枝や摘心を行なって樹冠内部まで光があたるような採光条件を保つ。

また、徒長枝となる元（強勢な新梢）を新梢管理で除いておくことで薬剤散布の掛けむらを少なくし、若木ではとくに樹形の乱れを防ぐことができる。

図序-3　結果枝の種類と長さ
長果枝（30㎝以上）、中果枝（10～30㎝）、短果枝（10㎝未満）

図序-4　秋季せん定は若木や強い樹勢の成木に対して行なう（上：無処理、下：処理）
骨格枝である主枝や亜主枝の上側（陽光面）から発生した徒長枝をせん除する
左下は切り落とした枝で、これぐらいのせん定量とする

新梢管理によって強い新梢を取り除いても、収穫後の9月になるとまた強い枝の発生が目立つようなときがある。その場合は、徒長枝を中心に強勢な枝を秋季せん定によって処理する（図序‐4）。

秋季せん定は、強い樹勢から好適な樹相へ誘導する方法としてきわめて有効であるが、適正樹勢の樹に対しては樹勢低下につながり、逆効果となる。ときどき秋季せん定が必要ない樹に対しても強いせん定が行なわれているのを見かけるが、注意したい。

その他、気を付けたいこと

以上のほか、好適な樹相（早期に新梢が止まり、収穫時の停止率が80〜90％）を長期にわたり維持するには、次のような管理が重要となる。

①しっかりした骨格を形成し、成木期以降は太枝を切らなくて済むよう計画的に枝を整理する。

②成園化しても縮伐（相互に接する樹の太枝を切り縮める）をしないで済むように、適正な栽植距離をとる。主枝、亜主枝など骨格をつくる枝の先端を欠くと、それ以降の樹形や適正樹勢の維持が困難となる。

③地上部と地下部の生育は連動しているので、根域の拡大を促すために排水性と保水性が向上する土づくりを徹底する。

④花粉のない白桃系品種では、結実量が不足しないように人工受粉による結実管理に努める。また着果管理では樹に負担がかかりすぎないよう、樹勢に応じた適切な着果量に調節する。

⑤健全な樹体を維持するには日焼けの防止も重要で、主枝や亜主枝の上を覆う枝を配置する（52ページ図3‐14参照）。いぼ皮病やコスカシバなどの枝幹の病害虫の防除も徹底する。

さて、以上のような適正樹相を維持するための管理とともに、モモ栽培を成功させるうえで欠かせない三つの条件として、土壌、樹づくり（樹形）、水分管理がある。

モモの開花・結実

開花期は品種によって多少違うが、寒冷地ではどの品種もほぼ一斉に開花する。

多くの品種が自家結実する。しかし、花粉をもたないか少ない白桃系の品種（加納岩白桃、浅間白桃、白桃、川中島白桃など）では、花粉のある品種を受粉樹として混植するか、人工受粉しないと結実しない。花粉のある品種はよく結実するので、摘蕾や摘花で着果量の調節を行なう。この作業には開花による貯蔵養分の消耗を抑え、新梢の伸長や果実の発育をよくする効果がある。

摘果が早いほど果実はよく肥大するが、急激に肥大すると核割れ（第9章参照）による生理落果で、着果量が不足する危険性も高くなる。このため、摘果は通常数回に分けて段階的に行なう。

袋掛けは、短期間に多くの労力を要するが、病害虫予防のほか果実の外観をよくし、収穫1〜2週間前の除袋によって着色を促す効果がある。また裂果しやすい品種では、その予防に役立つ。

土壌＝適地にまさる好条件なし

1 土層の深い、排水のよい土壌

モモの根は果樹の中で耐水性が弱いほうに分類され、滞水した状態に長時間置かれるとすぐに衰弱し、はなはだしい場合は枯死する。モモを栽培するうえで重要なのは、土質のいかんに関わらず、排水性のよい土壌を選ぶことである。

地下水位の高いところでは、若木のうちは影響がなくても、成木になるにつれて根群の分布が制限され、浅根になる。このため樹は早く衰弱する。土壌が深く、排水がよい場所で栽培される樹は樹勢も強めに維持され、樹は大きくなり、収量も多く樹齢も長くなる。

モモは経済寿命が15年ほどと短いが、高い地下水、砂地で乾燥しすぎる土壌条件、強せん定の栽培などがその寿命をさらに縮める原因となる。適地に植えて栽培管理が

表序-1　モモ主産地の気象条件（気象庁の過去の気象データより作成）

産地	年平均気温（℃）	生育期間（4～9月）		年間降水量（㎜）	生育期間降水量（㎜）	年間日照時間（時間）
		気温（℃）	較差			
山梨	14.7	21.5	10.1	1,135	749	2,183
福島	13.0	19.7	9.4	1,166	770	1,739
長野	11.9	19.4	10.3	933	600	1,940
和歌山	16.7	22.8	7.9	1,317	854	2,089
山形	11.7	19.0	6.3	1,163	689	1,613
岡山	16.2	22.8	8.6	1,106	772	2,031
新潟	13.9	20.4	7.4	1,821	816	1,632
愛知	15.8	22.4	8.7	1,535	1,047	2,092
香川	16.3	22.7	8.5	1,082	712	2,054
岐阜	15.8	22.5	9.0	1,828	1,259	2,085
主産県平均	14.6	21.3	8.6	1,309	827	1,946

モモ栽培の適地

モモの栽培適地はおもに気候条件と土壌条件の二つの要因によって決まり、経済的に栽培可能な地帯は夏の気温による制約を受ける。

主産地の気候条件から、年間の平均気温が12℃以上、降水量は1300㎜以下が適地と考えられる（表序-1）。

わが国ではモモが九州から東北まで広い範囲で栽培されており、適応性は広い。ただし、生育期間中に降雨が多いと病害の発生が多くなり、枝が徒長し、生理落果を誘発する。

また、成熟期の多雨は果実の糖度や日持ち性を低下させる。

モモの根は酸素要求量が大きいので、排水良好な通気性のよい土壌が適する。また好適な土壌pHは、やや酸性の5.5～6.0である。

適切であれば、より長く高い生産性を維持できる。適地では栽培管理も容易で生産は安定し、収量も多く品質もよい。適地適作は果樹栽培の基本であるが、モモもその例外ではない。

2 土がよければ余分な手間が省ける

モモは従来、痩せた乾燥しやすい土壌が適すると考えられてきた。しかし、このような条件では果実の品質はよくても生産性が低く、かつ経済樹齢も短いので採算性は低い。かつて海岸の砂地に栽培が多かったが、今では影をひそめてしまった。現在の主産地は、排水良好で耕土の深い砂質壌土か礫質壌土の肥沃な土壌に栽培されている。これらの土壌では、優良な果実が多収でき、経済樹齢も長く、安定したモモ栽培が可能である。またこのように土壌条件がよければ天候による乾燥の影響も低く抑えられ、樹体管理の余分な手間も省ける。

したがって、もしこうした条件でなければ、モモ園の土づくりは、土壌の深層に空気を入れて根の働きを活発にし、養水分を吸収しやすくすることが目標となる。この土づくりには、透水性、保水性を改善し、土壌の乾湿の差を少なくする働きもある。

樹づくり＝開心自然形をちゃんとつくる

1 モモ樹で大事な採光条件

モモの樹は日照の要求量が高い。そのため枝葉が過繁茂となり日照が不足すると、枝の枯れ込みやはげ上がりが見られ、果実品質も低下する。

モモの葉は長く大きい。また新梢の伸長も旺盛であるため、樹冠内部は日照が不足しやすい。光が不足した状態で栽培を続けると、下枝の果実品質が低下し、枝の枯れ上がりや結果部位の上昇などで作業性も低下する。こうした受光態勢の問題を考えるうえで重要になってくるのが樹形、樹づくりである。

2 よい開心自然形、悪い開心自然形

●第2、第1主枝のバランスを成木で6：4に

モモで代表的な樹形は、開心自然形である（28ページ参照）。それも、変則主幹形から遅延開心形をつくるように心抜きにより主枝をつくるのではなく、主幹延長枝を傾斜させて上段の主枝（第2主枝）を形成し、大きな切り口をつくらない仕立てである。樹は主幹・主枝・亜主枝・側枝・結果枝で構成され、結果枝は主幹以外の各枝に形成される。その目標樹形は図序-5、図序-6に示すかたちになる。

2本主枝の開心自然形でとくに注意しなければならないのは、第2主枝（上位主枝）に対する第1主枝（下位主枝）の勢力バランスである。バランスとはそれぞれの枝葉の量のことだが、年次を経るにしたがって徐々に下位主枝の勢力が増すので、若木時は第2と第1が8：2〜7：3のバランスを維持する。そして最終的な成木の勢力バ

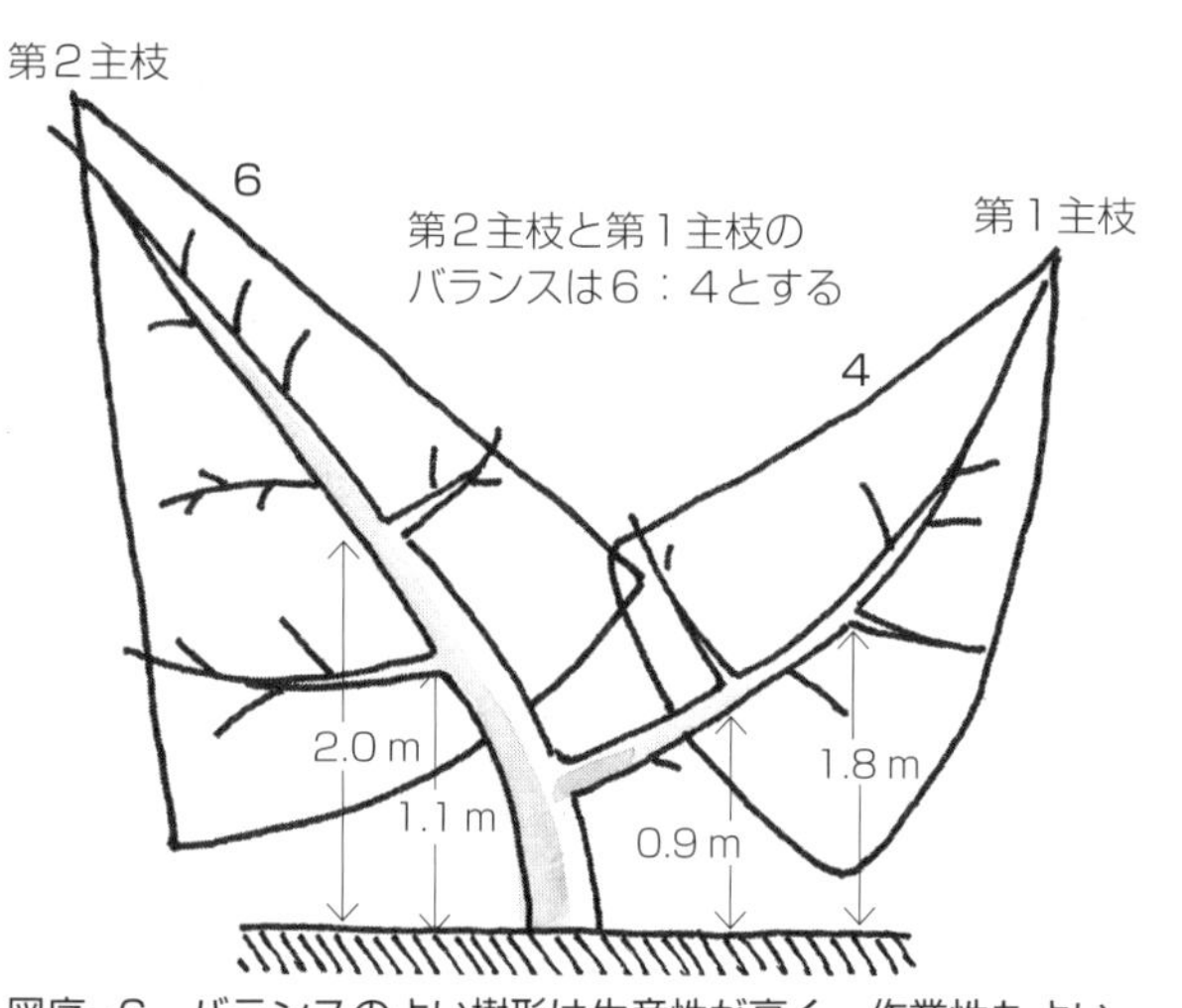

図序-6　バランスのよい樹形は生産性が高く、作業性もよい

図序-5　開心自然形の目標樹形（骨格枝のみ）
目標樹形に近いかたちに仕立てるとバランスが取れ、負け枝の発生がなく、長く安定した生産が可能となる

ランスは6：4を目標とする。

よくない開心自然形の樹は、第2主枝に対する第1主枝の大きさのバランス、あるいは主枝に対する亜主枝の大きさのバランス、先端に向かって徐々に小さくなる側枝のバランスなどが乱れている（図序-7）。

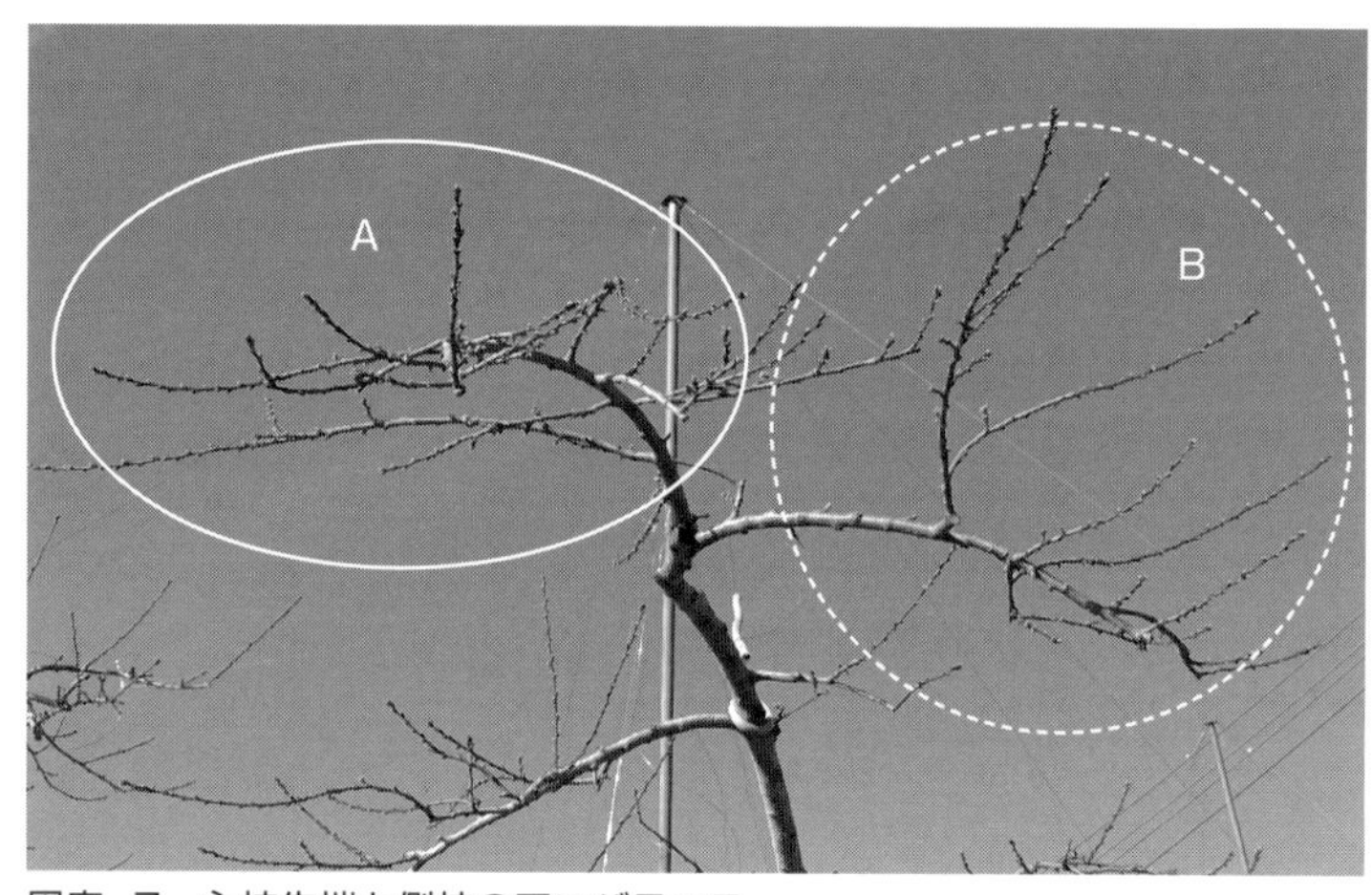

図序-7　主枝先端と側枝のアンバランス
主枝先端A（実線）に対し側枝B（破線）が大きく、アンバランスとなる

モモの整枝・せん定

モモの樹は生育が早い反面、寿命も短い。本文でも述べるように、主枝や亜主枝の骨格の枝に直射光があたると日焼けを起こしやすく、樹の寿命は短くなる。

苗木を定植してから、2〜3年で結実し始め、盛果期は9〜10年前後で、それ以降は徐々に生産性は低下し、20年も経つと経済的な生産はできなくなる。経済樹齢の長さは品種、土壌の肥沃度、気象条件、病害虫の発生、栽培管理によって変わるが、なかでも整枝・せん定の良否が大きく影響する。

モモは頂部優勢性が弱いので、枝を切り返さないと生殖生長（果実の生産）ばかり盛んになる。また、耐陰性が低いので、日あたりが悪く日射が不足すると樹冠内部の枝は枯れ込みやすい。

このため、モモの整枝法は採光性の優れる開心自然形を基本とし、2本主枝で仕立てられることが多い。

図序-8　第2、第1の主枝の分岐角度の適否
第2主枝と第1主枝の角度が狭いと（右奥の樹）、主枝上部が曲がり、徒長枝の発生を助長する。悪い樹形

●開心自然形をうまくつくれば省力に

開心自然形の整枝も人により仕上がりは千差万別である。

生産者の圃場で図序-8右奥のような樹形をよく見かける。樹元から垂直に近い角度で主枝が発生し、先端にいくにしたがい水平方向に樹形が変わる。このため、樹液の流れがスムーズにいかず強勢な側枝が生じ、徒長的になる。下部の側枝はその陰になって枯れ上がり、結果部位を上げてしまう。これは、幼木の段階における仕立てでふところを狭く、鋭角にしていることに原因がある。

低い樹づくりが望まれている昨今では、主枝の骨格は図序-9左のように開いた樹姿にもっていけば、比較的低樹高に収まる理想的な開心自然形に仕立てることができる。樹元に近い主枝ほど分岐角度は広くとり、先端を上げる。このような樹形は、骨格をつくる段階において手間はかかるが、その後の管理作業を容易とし、省力になり、結果として品質向上にも結びつく。

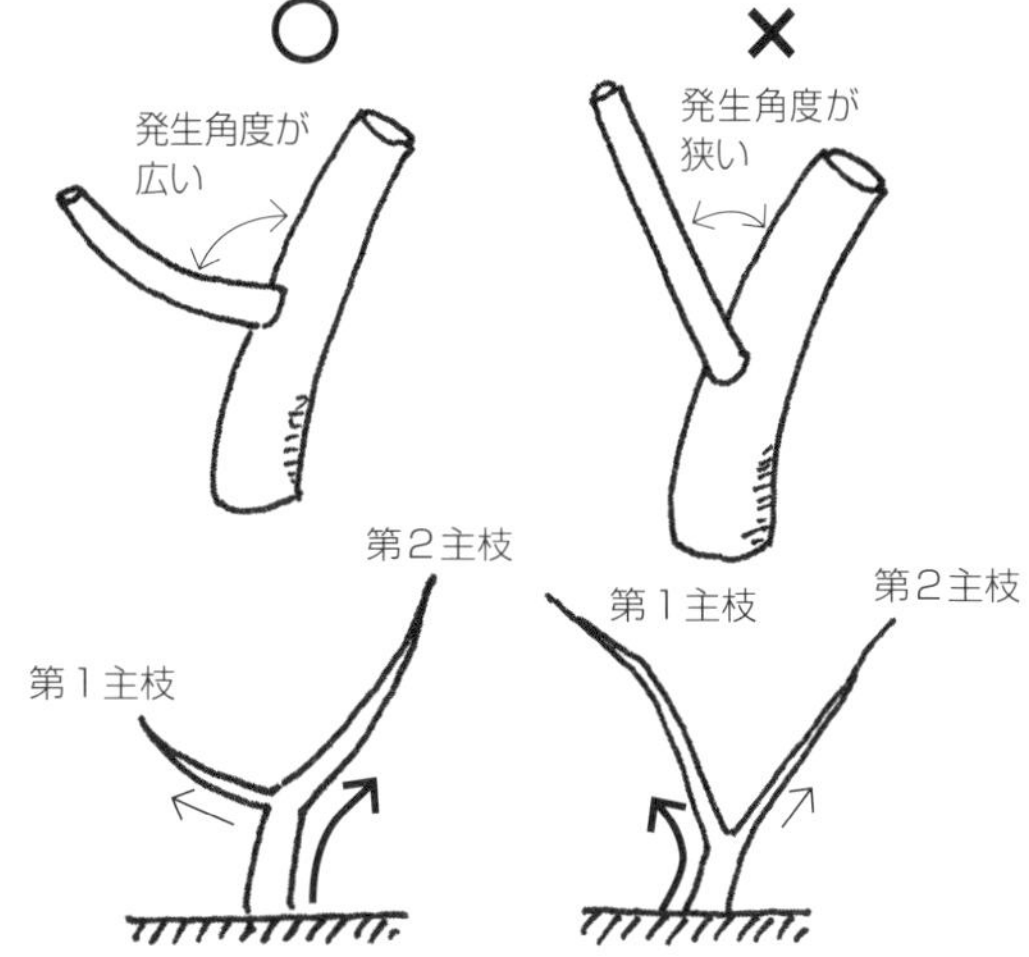

図序-9　よい第1主枝の選び方
発生角度が狭く強い枝を第1主枝の候補枝に選ぶと、第1主枝が第2主枝を負かしてしまう原因となり、樹形の乱れにつながる
発生角度が広く適度な強さであれば、養分の流れは第2主枝側が強くなる

ストレスの少ない水分管理＝糖度と玉張りは灌水で変わる

栽培管理では冒頭で述べた年内早い時期に行なう施肥と着果調整が重要だが、もう一つ忘れてはならないのがストレスの少ない水分管理である。

1 過乾、過湿、集中豪雨対策も

モモ果実の生育は、図序-10に示すようなS字の生育曲線を示す。果実の大きさは第1肥大期（落花～50日程度）の生育（細胞分裂）に左右され、一般的にこの時期の栄養状態がよく、土壌から供給される水分が不足しなければ、成熟期の肥大も良好と

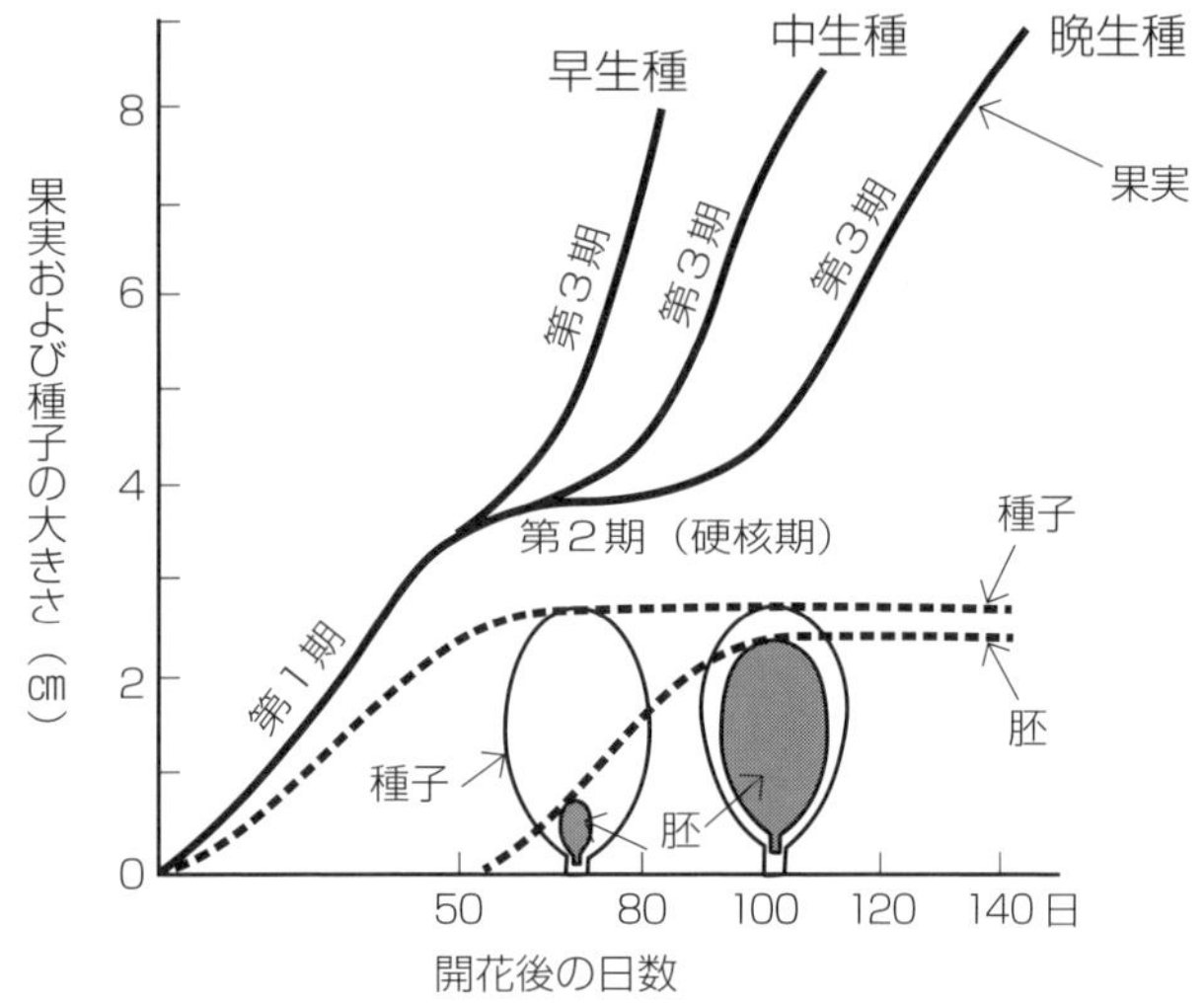

図序-10　モモの果実はS字の生育曲線を示す
（農文協『果樹栽培の基礎』2004）

なる。

第1肥大期から硬核期にかけては、とくに土壌水分が急激に変化して過乾、過湿とならないようにする。乾燥が続く場合は、定期的な灌水に努める。

また、近年の異常気象条件下では、短期間に集中して雨が降る傾向にあり、水はけの悪い圃場は滞水する。過湿にならないよう、排水対策を講じる。

2 灌水間隔と量

灌水は、間隔と1回あたりの灌水量が大事になる。晴天日には樹体（葉）と土壌から1日あたり4～5㎜程度蒸散する。土壌の保水性からみて、晴天日が続く場合、砂質土では3～4日で、壌土や火山灰土では1週間前後の間隔で灌水が必要となる。

乾燥しやすい砂質土では、1週間に1時間の灌水を2～3回、壌土や火山灰土では2時間の灌水を1～2回（ともに15～20㎜相当）を行なう。ただし、35℃以上の高温が続く場合は蒸散量も増えるので、間隔を短くする。

3 収穫期にはデリケートに対応

一方、収穫期に入ってから過剰な水分を吸収すると、果実品質が低下するので灌水は控える。

しかし、中晩生種は収穫期が梅雨明け後になるので、乾燥が続くと果実肥大が抑制される。梅雨明け後に乾燥が続く場合は5～7日間隔で、1回20㎜（10a 20㎥）程度の灌水を行なう。また、空梅雨で10日以上降雨のない場合も灌水が必要となる。反射マルチを敷く前にも15～20㎜程度の十分な灌水を行なう。

収穫期に入ったら、土壌の乾き具合を観

モモ果実の肥大と成熟

モモの果実は、細胞分裂によって幼果が肥大する第1肥大期、核が硬くなる第2肥大期、細胞の肥大によって幼果が肥大する第3肥大期に分けられる。

第2肥大期は果実の肥大がゆるやかで、核の硬化と胚の発育が進むことから、「硬核期」と呼ばれる。硬核期の長さは品種によって異なり、早生種は短く、晩生種では長い。

果実の収量や品質は、これら第1～3肥大期の着果管理によって著しく異なる。

察して、地表面がひび割れるほど著しく乾燥しないように、適宜5㎜程度の灌水を行なう。土壌が極端に乾燥すると光合成の働きが低下し、樹体に負担がかかり樹勢低下を招く。

モモ経営の特徴——労力、粗収益ほか

モモは、定植後2～3年で結実し、結果樹齢に達するのが早い。4年目あたりから急激に収量が増加し、9～10年でピークに達する。このため早期から収益を上げることができるが、盛果期に達した後の経済栽培が可能な期間は、ほかの果樹に比べると短い。15年ないし20年で更新が必要になる。このため、同じ園地で栽培をくり返して、いや地（連作障害）の発生が多い。

モモの果実は日持ち性が劣り、果実品質は天候に左右されやすく、とくに降雨による影響が大きい。また1本の樹のなかでも着果位置や光のあたり方などで、果実間で味のばらつきが大きい。

収穫期間は約1週間と短いため労力が集中し、単一品種で栽培できる面積は限られるのが特徴だ。経営的には労力の配分を考慮し、熟期の異なる品種を組み合わせて栽培する必要がある。

こうしたモモの収益はどれぐらい望めるのだろうか。

山梨県でつくられている農業経営指標（平成25年度）によると、早生品種の「日川白鳳」や「加納岩白桃」で収量2.5ｔ、中生品種の「白鳳」や「浅間白桃」、晩生品種の「川中島白桃」で3.0ｔを目標とし、粗収益はもっとも低い「日川白鳳」で約120万円（kg単価480円として）、もっとも高い「白鳳」で約138万円（同459円）となっている。

収量は地力によって異なるのでいちがいにはいえないが、反収2.5ｔ（早生品種）から3.0ｔ（中晩生種）を目標に、粗収益130万を目指したい。

これは、ブドウ（種なしピオーネ：収量1.5ｔ、kg単価686円）やスモモ（ソルダム：2.4ｔ、同399円）、カキ（松本早生富有：2.5ｔ、同301円）などよりよく、オウトウ（高砂：550kg、同2310円）に次ぐ。

モモ栽培のおもな用語

主幹　地際から第1主枝（下段の主枝）分岐部までの部分をいう。主幹の長さと樹勢には密接な関係があり、主幹の長さが短いほど勢力は強くなる。痩せ地では主幹の長さが地上より約40cm、肥沃地では約60cmが目安となる。

主幹延長枝　主幹の延長方向に伸びた当年生枝のうち、主幹の延長部分として利用する枝のこと。主幹延長枝の生育を促すため、一般にこれと競合する枝はせん除される。

主枝　主枝は亜主枝や側枝、結果枝を付け、樹冠を構成し、樹形の骨格をなすものである。主枝は数本とり、主幹の上部には枝を配置せず採光と作業性をよくしている。主枝の数によって多少整枝法が異なるが、仕立てやすく、枝の配置が容易にできる2本主枝が多く用いられている。

亜主枝　主枝から分岐する樹の骨格を形成する枝で、樹冠に横の広がりをつけ立体化し、結果部位の上昇を防ぐ重要な役割を果たす。下部より第1亜主枝、第2亜主枝と呼び、その間隔は落葉果樹では1.8～2.0m程度である。側枝や結果枝を発生する。主枝と同様に永続的に使う。一般的には1本の主枝に2本の亜主枝を配置する。

骨格枝　樹の骨格を形成する枝で主枝、亜主枝からなる。一般的には更新されることはなく、永続的に使用される。

側枝　開心自然形樹では主枝、亜主枝から分岐する枝で、これに結果枝がついて結果部位を構成し、果樹生産を担う。主枝や亜主枝と違い、側枝以下の細い枝は更新が前提となる。

結果枝　花芽や果実を着ける枝で、果実の生産をする枝のこと。長さによって30cm以上が長果枝、10～30cmが中果枝、10cm以下が短果枝に分けられる。

徒長枝　上方向に向かって旺盛に生育する発育枝。枝の背面から多く発生する。

副梢　新梢が旺盛な場合に、翌年の葉芽がその年のうちに発芽し伸長する。このような枝を副梢という。

負け枝　主枝や亜主枝などの大枝よりも分岐した枝が強くなり、延長枝のほうが細くなってしまった状態。樹形が乱れる原因となる。

樹冠　1本の樹の広がりで、枝や葉が伸び占めている立体的な空間、あるいは広がっている範囲をいう。

樹勢　樹の栄養生長の程度。樹勢が強いと花芽形成の減少や果実品質が劣るなどの問題がある。新梢の伸長量、二次伸長や副梢の発生程度、葉色などから判断する。

開張性　その樹木の全体の姿を示す樹姿の評価において、樹が開きやすい性質を「開張性」や「直立性」などで表わす。

二次伸長　伸長をいったん停止した新梢がふたたび伸長する現象。通常、多くの新梢は7月頃までに伸長を停止するが、チッソが遅効きしている樹では再度伸長を開始することが多い。

栄養生長　葉や新梢などの栄養器官のみを繁らせる生育のことを栄養生長という。果樹の生長生理には栄養生長（枝・幹の生長）と生殖生長（花芽形成・結実）とがあり、安定生産にはその均衡が重要となる。

夏季せん定　新梢伸長の旺盛な生育期間中に行なうせん定。おもに徒長枝や樹冠内部への日光の透過を妨げている枝などをせん除する。強せん定すると樹勢低下を招く。9月以降に実施するせん定は秋季せん定として区別している。

秋季せん定　生育期間中の枝の整理や樹勢のコントロールをねらいとした夏季せん定のうち、せん定後に二次伸長しない9月以降の処理を秋季せん定として区別している。

誘引　枝を適当な方向や密度に配置すること。太陽光線の透過を良好にし、主枝や亜主枝など骨格枝の確立に欠くことができない。

捻枝　強勢になりやすい新梢をねじ曲げることにより勢力を抑えること。若木時代の主枝や亜主枝先端に近い部分の強勢になりやすい新梢に対して行なう。処理後、結果枝や側枝として利用できる。主枝や亜主枝の日焼け防止として利用できるなど活用できる場面は多い。

光合成（同化作用）　植物が光のエネルギーを使って生長するために必要な栄養分である炭水化物（デンプン）を、水と二酸化炭素から合成する働き。

人工受粉　花粉をもたないか少ない品種に対して、確実に結実させるため、人の手によって雌しべに人為的に花粉をつける作業のこと。

がく割れ　受精後、子房の肥大とともにがくが割れて基部から離れる。花弁が落ちた後のがく割れで受精を確認できる。

生理落果　開花直後から成熟期までの期間中に、物理的あるいは病害虫による落果以外の要因によって起こる落果のこと。モモでは不受精や新梢と果実間の養分競合などが原因となり起こる。

摘蕾・摘花　果実の発育や枝葉の生長をよくするために、余分な蕾や花を取り除くこと。結果枝の基部や上側についたものを摘み取り、下向きや横向きのものを残す。

摘果　果実の発育をよくするために、段階的に果実の数を調節すること。摘果は予備摘果と仕上げ摘果、見直し摘果に分けて行なう。

核割れ　果実の発育途中に核が割れる現象で、中・晩生種に発生すると生理落果を誘発する。果実への急激な養水分流入によって発生する。急激な摘果、多肥、過剰な灌水などを控える。

袋掛け　果実の外観を美しく保ったり、病害虫の被害を防ぐために果実を袋で被う作業。また裂果しやすい品種ではその防止に役立つ。着色を促す場合は、収穫の1〜2週間前に袋を取り除く。

反射マルチ　樹冠下に敷いて、光条件の劣る下枝などの果実の着色を促進するアルミ蒸着のシートや不織布等の資材で、全反射タイプと乱反射タイプとがある。

基肥（元肥）　年間の生育のために施す肥料のこと。落葉果樹では、おもに秋季に施用される。

追肥（礼肥）　収穫後の樹勢回復と貯蔵養分の蓄積を目的とした施肥で、速効性肥料が用いられる。施肥が早すぎると二次伸長するので、9月に施す。

休眠期　秋から春にかけて、環境や生理的な要因で生長を停止している時期のこと。

いや地　連作により、次第に生育障害となっていく現象を連作障害という。連作障害のことをいや地ともいう。

経済寿命　樹齢を重ねて老木化すると、樹勢の低下などにより収量が減少する。経済的に利益を上げることができる樹齢のこと。

基本編

第1章 開園・植え付けと若木の管理

園地の選定と土づくり

1 排水対策をまずしっかりやる

有機物が不足したり、機械の使用がたび重なると、土壌が硬く締まり、酸素や水分が不足した状態になる。土壌の状態が悪化すると根の吸収力が弱まるため、収量や果実品質が低下する。

近年は集中豪雨や干ばつ、高温といった変動の激しい気象となっているが、土壌物理性の悪い園では、排水不良による生育阻害や高温障害による着色不良など気象の影響を受けやすい。このような圃場に定植する場合は、明渠や暗渠による排水対策をしっかり行ない、根域が広く深く拡大できるように土壌改良して植え付ける。

●とくにやっかいな水田転換園

水田には水を溜めるための耕盤（鋤床）があり、水も空気も通りにくく排水性が悪い。水田を転換してモモを栽培するにはやっかいな条件である。

水田転換でモモを植える場合、50㎝以上の深さの有効土層が必要である。また、モモ栽培に適した地下水位に改良するため、大型重機を入れて耕盤層の破砕（心土破砕）を必ず行なう。併せて深耕や排水性のよい砂質土壌を客土して、モモの栽培に適した土づくりを行なう。

●明渠、暗渠の敷設

明渠は地表に掘った溝で、ゲリラ豪雨などによってモモ園に停滞する水を排除し、園外から侵入する水を防ぐ。また、新植の際の植え穴への水溜まりを防ぎ、苗木の生育不良や枯死から守る。ミニバックホーや溝掘り機で樹列に沿って溝を掘り、余分な水を傾斜の下方へ導くようにする。

暗渠は、地下に埋設された排水路のことで、地下水位を下げ、地表停滞水や過剰水を排除することができる。その結果、土壌の通気性が増し、細根数が増大、根域も深くなり、収量や果実品質は向上する。

一般的な暗渠はミニバックホーやトレンチャーで1m以上掘削し、暗渠管を敷設、疎水材として籾がらや砕石などを溝に入れる（図1－1）。埋め戻しに砂質土壌を客土すれば、排水性はさらに高まる。

　また、重粘土の透水性の悪い園では、本暗渠と直交するように深さ50㎝程度の溝を5～6m間隔で掘削し、籾がらや砕石など疎水材を埋めて補助暗渠とすることで、より高い排水改善の効果が得られる。暗渠の経費は疎水材の砕石や暗渠パイプなどの資材費だけでも10a30万円ほどかかるが、後々のことを考えれば、植え付け前の施工をお勧めする。簡易な暗渠として、トレンチャーで溝を掘り、籾がらだけを入れる方法もあるが効果は限定的である。

図1－1　暗渠による排水対策
バックホーで掘った暗渠排水の溝（左）、排水を促す砕石と暗渠管（右）

2 有機物、炭で土壌改良

　堆肥などの有機質資材を施用すると、土壌粒子が粘土や有機物によって接着され団粒化が進んで（図1－2）、土壌微生物の活動も活性化する。団粒構造がつくられると土が膨軟になり、団粒内の小さな孔隙に水が保持され、団粒外の大きな孔隙からは水が抜けやすく排水性がよくなる。また、空気も入りやすく通気性が高まる（図1－3）。このようになると根が伸びやすくなる。

　土壌改良には有機質資材のほかに炭の施用も有効である。炭は多孔質な構造をもつので根が吸収できる土壌中の水分量（有効水分）を保持したり、土壌微生物の活動を

団粒構造は水、空気の流れがスムーズ

単粒構造は排水性、通気性が劣る

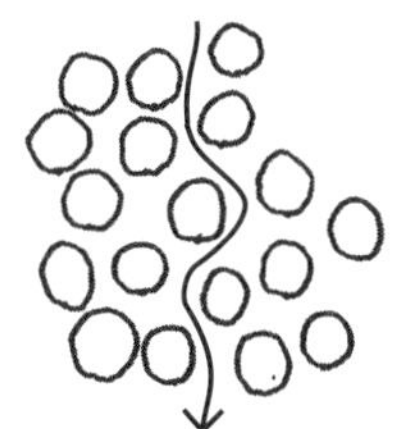

図1－3　団粒化した土壌と単粒のままの土壌
土壌粒子が有機物や土壌微生物の働きで結び付き、大きなかたまりになったのが団粒構造（左）である。水や空気の通りがスムーズで、保水性も優れる。土壌粒子だけの単粒構造では土が締まりやすいため、水や空気は滞りやすい

図1－2　団粒化した土壌

活発にする。水が土壌を通過する速度（透水係数）も向上する。また、堆肥などの有機質資材と異なり炭は腐りにくく、消耗しないので、良好な物理性を長期にわたり維持できる。

炭は自家生産することもできるが、市販のヤシがら炭（商品名・ベラボンチャコール）は高温で炭化しているので硬く、大きさも均一で、扱いやすい。植え穴には細かいヤシがらの炭を2ℓほど投入する（図1-4）。

なお、これらの作業は樹を植えた後では困難なので、新植時や改植時に行なう。

図1-4　土壌改良に役立つ炭
（ヤシがら炭「ベラボンチャコール」）
新植や改植時に植え穴に炭を入れて改善をはかる

3 痩せ地・いや地の土壌改良

●有効土層を広げ、根群発達を促す

モモの根は、土壌中で水、空気、養分を求めて伸長する。この条件にもっとも望ましいのは、排水がよく、有効土層（根が容易に伸びることができる物理状態にある土層）の深い土壌である。排水不良の園地では、これが生育阻害要因となって経済樹齢も短く、収量も低くなる。また、痩せ地は、モモの栽培に良好な条件ではないことに留意する。新植にあたっては、できるだけ将来の生育に都合のよい好適な状態に改善したい。すなわち、まず深耕して心土を砕いて土壌の物理的条件を改善し、有機質資材を投入して土壌の孔隙と通気をよくして、保水力を高める。こうして根が広く深く伸長するよう仕向けるとともに、養水分の吸収力の高い細根の発達を助ける。

具体的には、植え付けてから数年の間の根の伸長範囲（半径1～1.5m程度）で順調に根が生育できるよう、苗木を中心に直径2～3m、深さ80cmほどの穴を掘って深耕し、図1-5のやり方で土壌改良する。「SSボーン」（植物質加工残渣などを原料とした汚泥発酵肥料）あるいはバーク堆肥、牛ふん堆肥など有機質資材を植え穴あたり2袋（40kg）、ヤシがら炭（ベラボンチャコール）2ℓ、重過石1カップ（200g）を入れてよく混和する。

定植後、樹齢に応じて有機配合肥料を施

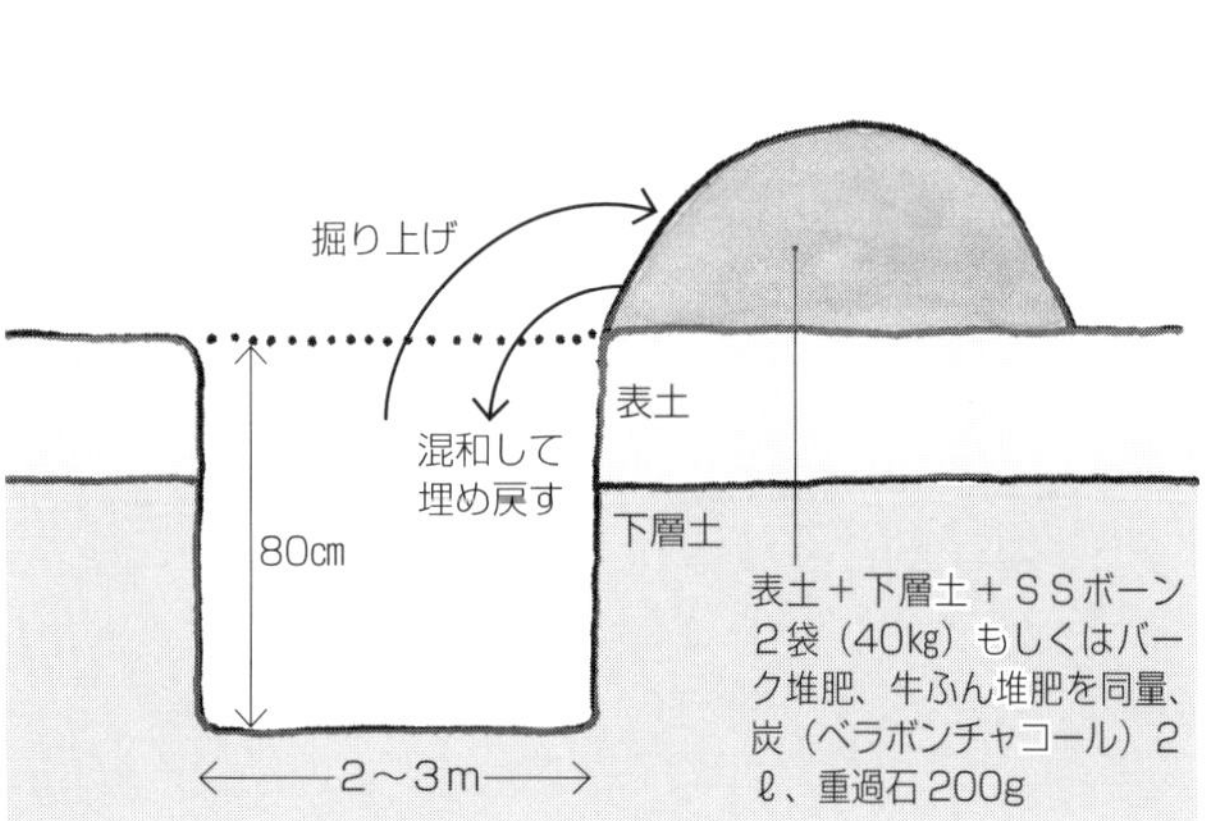

図1-5　苗木定植の植え穴
直径2～3m、深さ80cmほどの大きめの穴を掘り、土壌改良の有機質資材、炭、リン酸肥料を入れてよく混和する。定植まで2～3カ月おいて、土壌が落ち着いてから定植する

すが、土づくりとして前述のSSボーン（あるいはバーク堆肥、牛ふん堆肥）などの有機質資材も10aあたり1t施用する。深耕と併せて行なえば効果はより高まる。地力の乏しい痩せ地は、とくに根群の発達を助け、養水分の吸収量を多くしてやる必要があるので、植え付け後も計画的にタコツボ深耕を行ない、土壌改良の範囲を次第に拡大する。

●土壌別の対応

なお、土壌の物理性（透水性、通気性、耕耘の難易度）や化学性（養分保持能力）が異なれば土づくりの方法も変わる。

以下、それぞれ土壌の特性に応じて行なう。

①火山灰土壌　土壌のきめが細かく、空気相と水分相の割合が高い。保水性が高く排水性も良好である。理化学性においては、施肥したリン酸のほとんどが土壌に吸着されて、根に吸収されにくい特徴がある。リン酸肥料の供給に努める。速効性（く溶性）より緩効性（不溶性）のリン酸肥料を施用したほうが肥効は長くなる。

②粘土質土壌　埴壌土や埴土などが該当する。粘土質土壌は固相率が高く、孔隙量（土壌中の空気と水の占める割合）が少ないため、透水性、保水性ともに小さい場合が多い。このため、水分が多いと粘り、乾くと固まり、どちらの場合も耕耘しにくい。また、有効土層が浅いため、根の伸長が抑制される。基本的には肥沃な土壌であるが、物理性についての改善を必要とする。この点を改善できれば、高品質な果実を生産することができる。

計画的に深耕して有効土層の厚さを増加させる。その際、SSボーンあるいはバーク堆肥、牛ふん堆肥などの有機質資材を投入すれば団粒化が促進され、土壌物理性が大幅に改善される（SSボーンA-6：山陽三共有機㈱）。

③砂質土壌　砂土や砂壌土などが、これに該当する。砂質土壌は一般的に有機質が不足しており、粘土含量も少ないので、養分含量が少ない。土づくりでは、有機物の補給に努める。恒久的な対策として、粘土含量の高い土壌の客土を行なえば、高い効果が得られる。溶解の早い速効性肥料ではなく、緩効性肥料を中心に用いる。

●いや地対策は物理性の改善から

他の果樹に比べ経済樹齢が短いモモでは、樹を更新する回数も多い。古い産地では同一圃場で二代目、三代目と連作する例も珍しくない。こうした産地では、いや地による連作障害が問題となる。

いや地は、根に含まれる青酸配糖体が原因物質となって起こる。このため改植時には前作の古い根を可能なかぎり丁寧に取り除くことが重要となる。

また、耕土が深く養水分の供給が優れる、いわゆる地力の高いモモ園は、いや地の発生が少なく、養水分の供給力が劣る地力の低いモモ園は発生が多い。このように連作障害を引き起こす要因の一つとして、養水分の供給にかかる土壌物理性・生物性の低下が挙げられる。

そこで、いや地の発生を抑えるには深耕して土壌の物理性を改善するとともに、堆肥や有機物資材などを施用して土づくりを行ない、幼木期を順調に生育させて樹勢の強化に努める。ただし、樹勢を強化しすぎると枝が徒長して果実品質の低下を招くので、新梢管理などにより高品質・多収の適正樹相へと誘導することが重要となる。

植え付け方法で変わる初期生育

1 秋植えが一般的

苗木の植え付けには、秋植えと春植えがある。

秋植えは落葉した後、厳冬期に入る前の期間、11月上旬から12月中旬にかけて行なうのが一般的である。秋植えすると、植え付けたあと土壌と根がよくなじみ、春先の発根がスムーズで初期生育がよいというメリットがある。しかし、砂質土壌などで乾燥しやすい場合や凍結層ができる地域などは、冬季の乾燥害を回避するため2月下旬以降の春植えとするほうがよい。3月に入ると新根の発生が始まるので、作業が遅れるとせっかくの新根を傷めてしまい初期生育が悪くなる。植え付け作業が遅れないように注意する。

図1-6　土の落ち着きを待って定植する
抜根したあと、土壌改良する。定植までに大きく掘った穴の土が落ち着くまで、2～3カ月の期間が必要である

2 植え穴の準備は植え付けの2～3カ月前に

果樹の場合、苗木を植え付けて根が張ったあとでは、土壌物理性の改良は困難になる。そこで作業しやすい改植時に土づくりを丁寧に行なう。前項で述べたとおり、定植後、苗木が健全に生育できるように大きめの穴を掘り、深耕部に十分腐熟した堆肥などの有機質資材や土壌改良材を入れ、土壌とよく混和する。

土は掘り出されると容積を相当量増す。また、植え穴に投入した有機質資材の分解や土壌の落ち着きにつれて苗木が沈下し、樹勢を著しく損なう場合がある。大きな穴を掘って深耕の程度が大きいほど土が沈んで深植えになるので、植え穴の準備は植え付けの2～3カ月前に行ない、土壌が安定してから定植する（図1-6）。

3 初めから最終本数のみ植え付ける

苗木の植え付け距離（植え付け本数）は、地力、仕立て方法、品種（台木）などによって決定する。

表1-1に、開心自然形整枝の10aあたり植え付け本数の目安を示した。栽植距離は7～8mになる。間伐を行なわない場合は正方形植え、そうでない場合は、間伐予定樹を残存樹の間に植える五点植えとする

（図1-7）。

五点植えは空間が早く埋まり5年生くらいまでの初期収量は上がるが、往々にして間伐のタイミングが遅れて残す樹に密植の影響が出ることが多い。このため、現在では正方形植えで最終的に必要な本数だけ植栽する事例が多い。

表1-1　10aあたりの植え付け本数の目安

土壌条件	栽植距離（m）		植え付け本数（本）	
	樹間	列間	正方形植え（残存樹のみ）	五点植え（残存樹＋間伐樹）
肥沃地	8	8	16	28
中庸地	7.5	7.5	18	32
痩せ地	7	7	21	36
	6.5	6.5	24	42

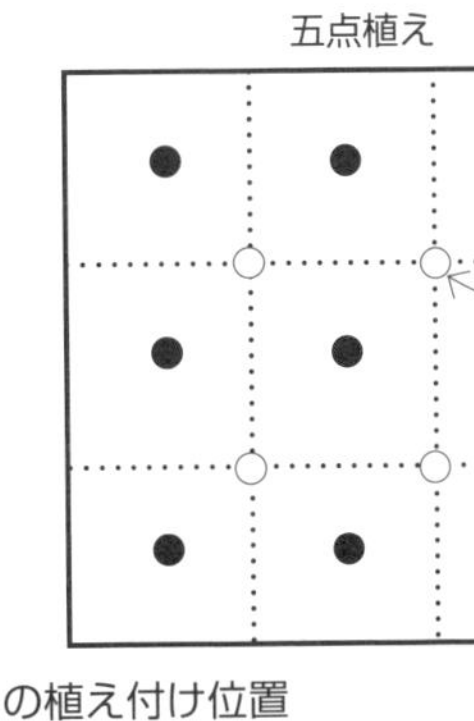

図1-7　正方形植えと五点植えの植え付け位置

4 根が張るまでの初期管理

苗木を購入したら、定植まで乾燥させないように仮伏せしておく。遠方の業者から購入した苗木については、到着後ただちに梱包をとき、掘り上げで傷付いたり千切れたりした根の切断面を滑らかに切り返し、カルスの癒合と発根を促す。苗木を2～3時間水に浸けて十分吸水させた後、仮伏せする。苗木の束が大きい場合はばらして品種別に小分けにするか、1本ずつにして並べて土を軽くかけ、根と土が密着するように水をたっぷりやる。乾燥と凍結を防ぐためワラなどでマルチする。

定植は、苗木を植え穴の中心部に立て、根を四方に広げ、土を掛けて埋める（図1-8）。このとき、深植えにならないように注意し、接ぎ木部が地上に出るようにする。十分に灌水して土と根を密着させる。苗木の周囲に土を盛り上げておけば、灌水したときに水が表面を流れず浸透しやすい（図1-9）。

また、支柱を立てて苗木を固定するとともに、周囲に敷きワラなどをして厳冬期から春先にかけての土壌乾燥を防ぐ。併せて定期的な灌水も忘れないようにする。

なお、定植時の灌水はたんに乾燥防止のためだけでなく、根と土壌を密着させるために行なうので、降雨があり、土壌水分が十分でも、たっぷり掛ける必要がある。改

図1-8　苗木の植え付け
植え穴は沈下するので、中心部に土を盛り、根が四方に広がるように植え付ける

図1-9　植え付け後の灌水
植え穴周囲に土堤を盛り、十分灌水する
溜まった水を突いて空気を抜き、土と根をなじませる。水が引いたらふたたび灌水する

植による土づくりや事前の植え穴の準備で堆肥が施用してあれば、肥料については改めて考える必要はない。

モモの樹形と仕立て方

1 お勧めは開心自然形

山梨県におけるモモの樹形は、古くはヨーロッパスタイルの盃状形整枝であったが、改良が加えられ現在の主流である開心自然形へと発展した。開心自然形は樹齢が進むにしたがって自然に開張していくモモの性質を利用しており、モモ栽培では理想に近い整枝法である。また、空間をムダなく有効に利用した立体的な樹づくりが可能であり、樹勢、樹齢に応じたせん定の調節が効き、あとで見る人工型の整枝には見られない良品、多収生産が期待できる。さらに、作業性のよい樹形を、長期にわたって維持・管理することができる。

目標の樹形は図1-10に示すとおりであるが、必要以上に樹形にこだわりすぎると、せん定の強弱が樹に合わず、かえって樹形が乱れ、作業性の低下のもととなる。生産性が高く、作業性のよい樹形をつくるためには、その樹の樹勢や土壌条件、品種特性を念頭において状況に応じた整枝を行なう。詳しくはのちほど（46ページ）紹介する。

図1-10　開心自然形の目標樹形
地上30～40㎝の位置に第1主枝を配置する。分岐から1m先に第1亜主枝を配し、さらに1mあけて第2亜主枝をおく
主枝と亜主枝の勢力差は7：3とする

なお、主要産地では、それぞれの立地条件を活かして独自の整枝・せん定法も開発されている。

第1主枝
第2主枝

図1－11　傾斜地に適応した新樹形
（横方向から見た骨格枝の配置）

2 開心自然形のバリエーション

作業性や管理の容易さがより重視されるようになり、開心自然形も3本主枝による整枝は少なくなり、ほとんどが2本主枝である。一方、産地によっては開心自然形から発展したバリエーションもいくつか見られる。

図1－12　緩傾斜地で取り組まれる新樹形の骨格
傾斜の下側から上に向かって樹を見ると、第1、第2主枝ともに山側を向き、両主枝に挟まれた角度は110度ほどになる

図1－11は傾斜地の新樹形で、ふつう反対方向を向いている（180度開いている）第1、第2主枝が、この樹形では110度ほど開いたかたちで、ともに山側を向いている。そして双方の第1亜主枝を谷側の低い位置に配置した低樹高の整枝となっている（図1－12）。傾斜地における作業性の向上を狙いとし、脚立なしで作業できる割合を高める。まだ試作的な段階だが、山梨市内で取り組まれている。

また図1－13は開心自然形から開張形へ

第1亜主枝
第2亜主枝
第1主枝
第2主枝
第2亜主枝
第1亜主枝

図1－14　開張形における亜主枝の配置と大きさ
主枝基部に配置された亜主枝は、主枝とほぼ同等の大きさになる

図1－13　開心自然形から発展した開張形の取り組み
2本主枝の亜主枝を主枝基部におき、6本主枝のように展開

と発展した整枝で、開心自然形の亜主枝にあたる枝を主枝基部に配置し、亜主枝が主枝と同等の大きさとなる。一見すると主枝が6本あるように見え、開張形と呼んでいる（図1-14）。樹冠内部まで光が入る受光態勢の優れる樹形で、果実品質と作業性の向上を狙いとしている。この整枝は山梨県甲州市の大藤で多く見られ、笛吹市の一宮でも取り組まれている。

3 上手な仕立て方、その手順（若木の整枝・せん定）

①植え付け時

苗木は基本的に垂直に植え付けるが、傾斜地では山側に倒してやや斜めに植え付ける場合もある。

植え付けた後に苗木の先端は、葉芽のある位置までやや強めに切り返し、翌年の伸長を促す。切り返しの程度は苗木の充実程度により決める（図1-15）。健全に生育した全長1.2mほどの苗木であれば60~80cmほどに、1mに満たない充実の悪い苗木は、30cm程度まで強めに切り返す場合もある。切り詰めを行なわないと、新梢の生育が劣る。

②1~2年目

主幹の延長枝（第2主枝候補枝）の生育を促すせん定を心がける。切り詰めた苗木の先端からは同程度の強さの枝が3本ほど発生する。その中から延長方向にまっすぐ伸び、かつ先端の枝として適当な強さをもつものを延長枝として1本選び、競合する残り2本は捻枝するかせん除する。捻枝してその後は、先端の延長枝より勢力が弱まり、方向がほぼ横であれば結果枝や側枝候補として使う。

モモは頂部優勢が弱いので、基部からも強めの新梢が発生する。これらも延長枝と競合する枝はすべてせん除するが、それ以外の邪魔にならないものは5月中下旬に捻枝を加えて、勢力を抑制する。競合しない小枝は樹を太らせるため、できるだけ多く残す。

延長枝は、伸び具合や充実の程度により、冬のせん定でおおむね1/3~1/2程度の充実した芽まで切り返す（図1-16）。また、延長枝（第2主枝）の伸びがよく新梢発生が多い樹であれば、地上30~40cm付近から発生した新梢を第1主枝候補枝として残しておく。主枝の発生位置は地上に近いほど強勢で、高くなるほど勢力は弱まる。候補枝は第2主枝に対して7:3~8:2程度の生育差がある枝とする。このとき枝の発生角度に注意する。鋭角に発生した

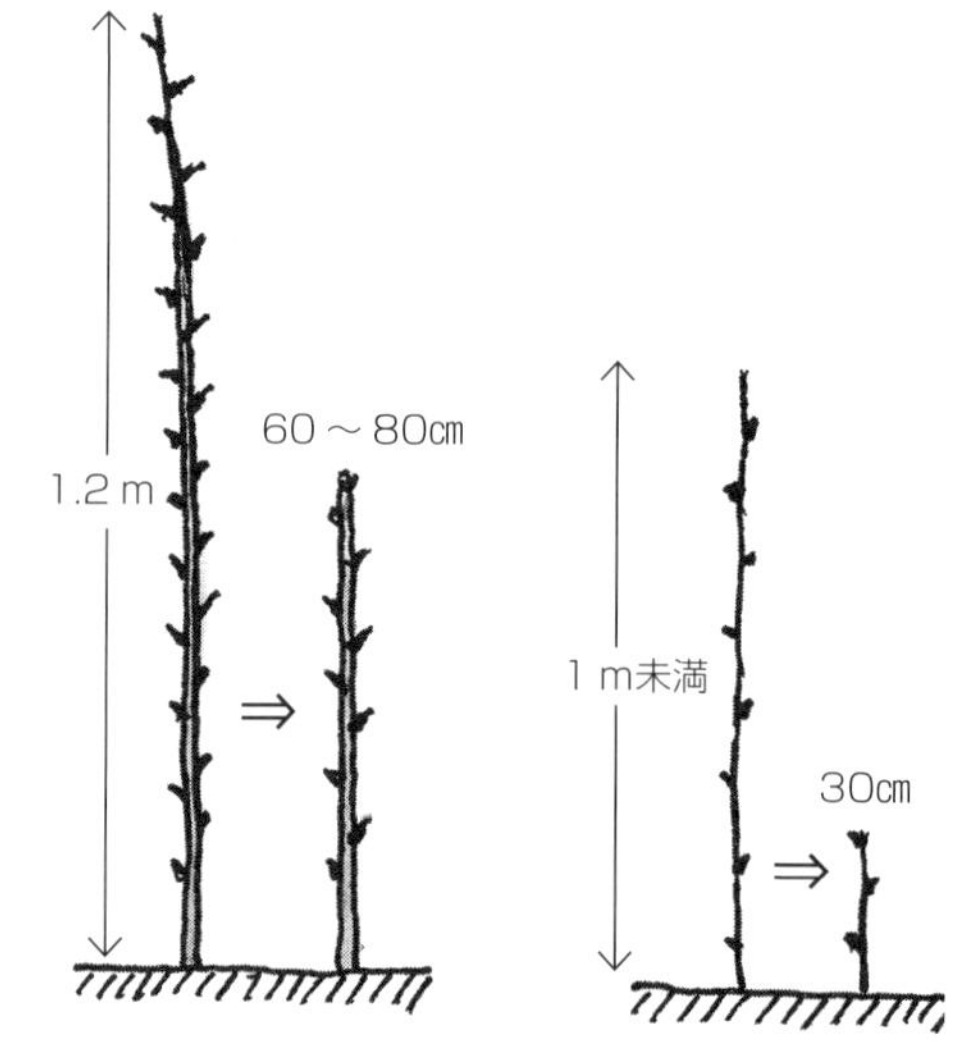

図1-15　苗木の切り返し程度
1.2mほどに伸びた節間（芽から芽の間隔）が詰まって太くしっかりした苗木であれば、60~80cmまで切り詰める
1mに満たない貧弱な生育の苗木は、思いきって30cm程度まで強く切り返す

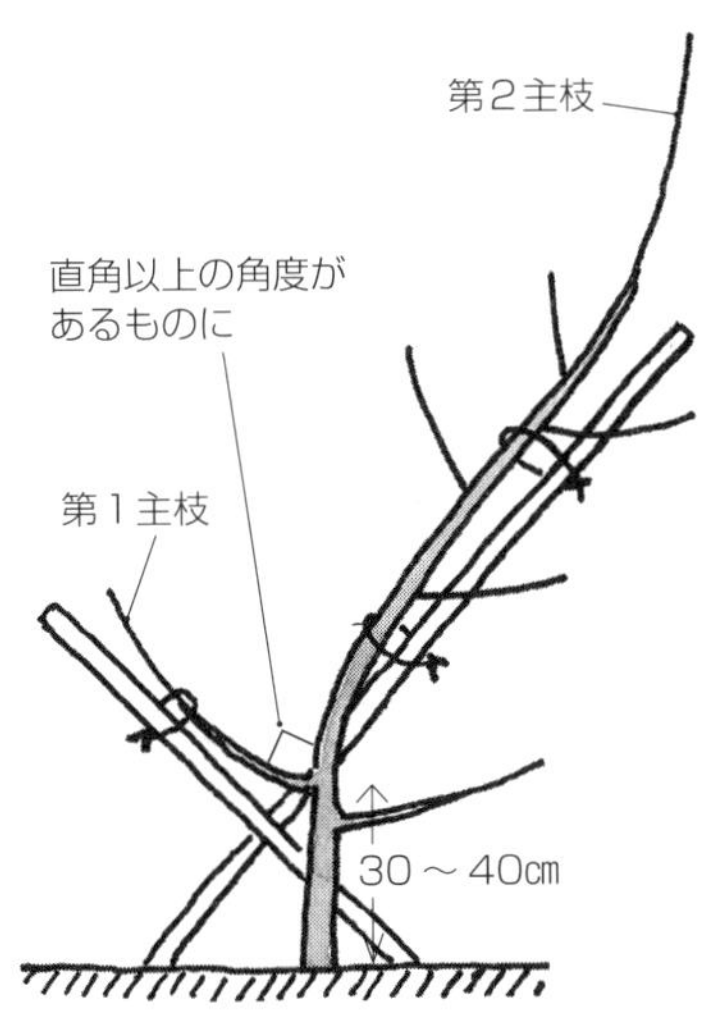

図1-17
第1主枝の発生角度と分岐の高さ
第1主枝の発生角度が鋭角になると、強勢になりやすく、裂けやすい
添え木をして第2主枝に対して90度以上の分岐角度に取る。7：3程度の勢力差をつける
第1主枝の候補枝は地上30～40cmの高さとする

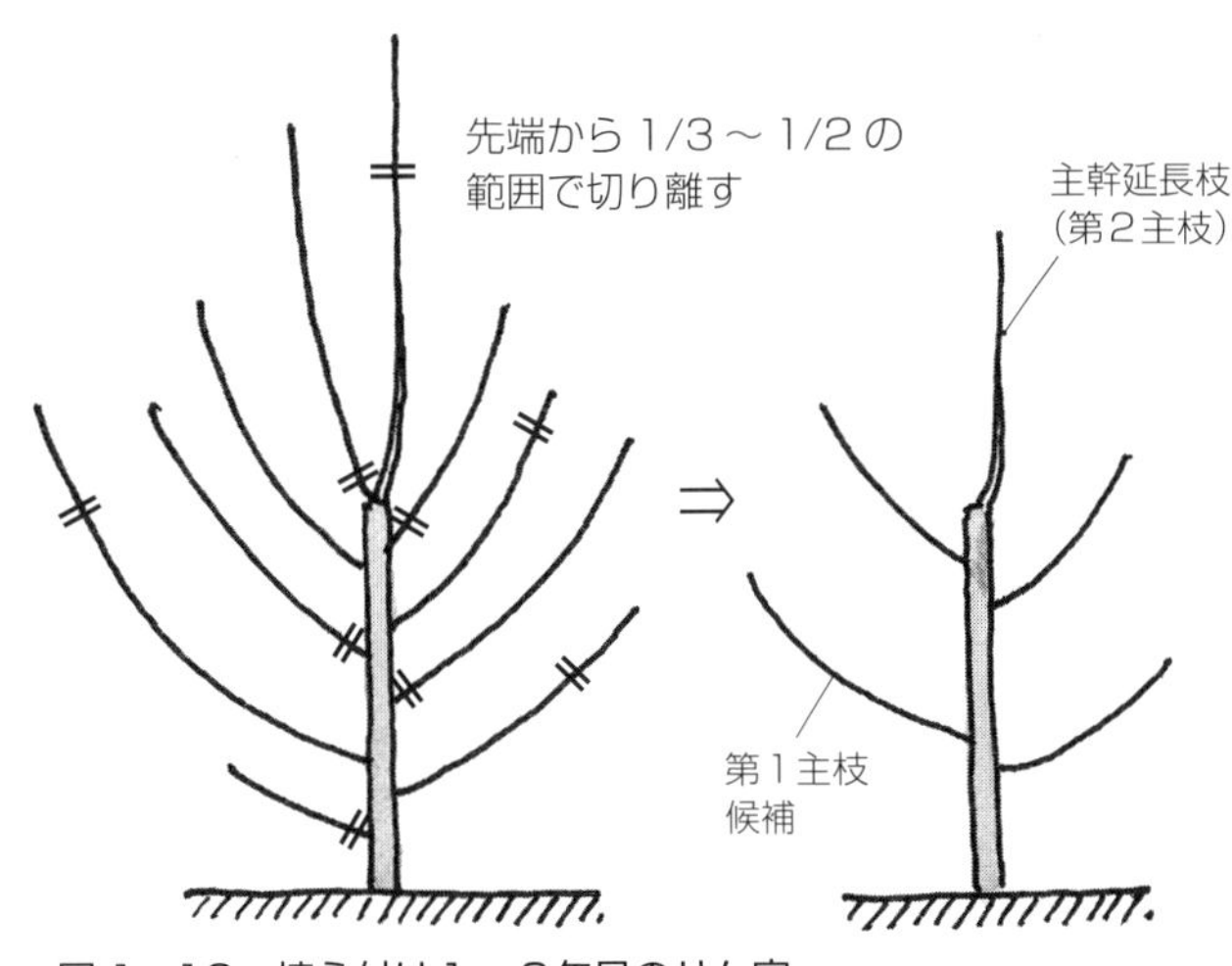

図1-16　植え付け1～2年目のせん定

枝を選ぶと第1主枝が強くなりやすいので注意する。また、添え木や誘引により、できるだけ直角からそれ以上の広い角度に整枝する（図1-17）。

ただし、このとき無理して強めの枝で第1主枝候補枝をつくると、第2主枝が負け枝になりやすいので、勢力差が少ない場合はせん除して、翌年に勢力差がある弱い枝でつくり直す。

③3年目

主枝の切り返しは、主枝延長枝の生育に応じて行なうが、やや強めとする。各先端部とも先端から三角形になるように枝を配置し、はみ出すような強い枝は間引き、下垂した枝は上向きの勢力のある枝の位置まで切り返す（図1-18）。

生育が旺盛であれば、2年目に第2主枝の地上100cm前後の位置から発生した枝の中から第1亜主枝候補を選ぶ。最近は管理作業に昇降式作業台を利用するケースも多いため、やや高め（120～150cm）の位置から選んでもよい。枝は主枝先端を頂点とした二等辺三角形となるような勢力バランスで配置する。

④4年目以降

4～5年目になると、おおむね目標の樹高（3.5m）に近づき、骨格が形成される。各主枝とも第2亜主枝を第1亜主枝の反対

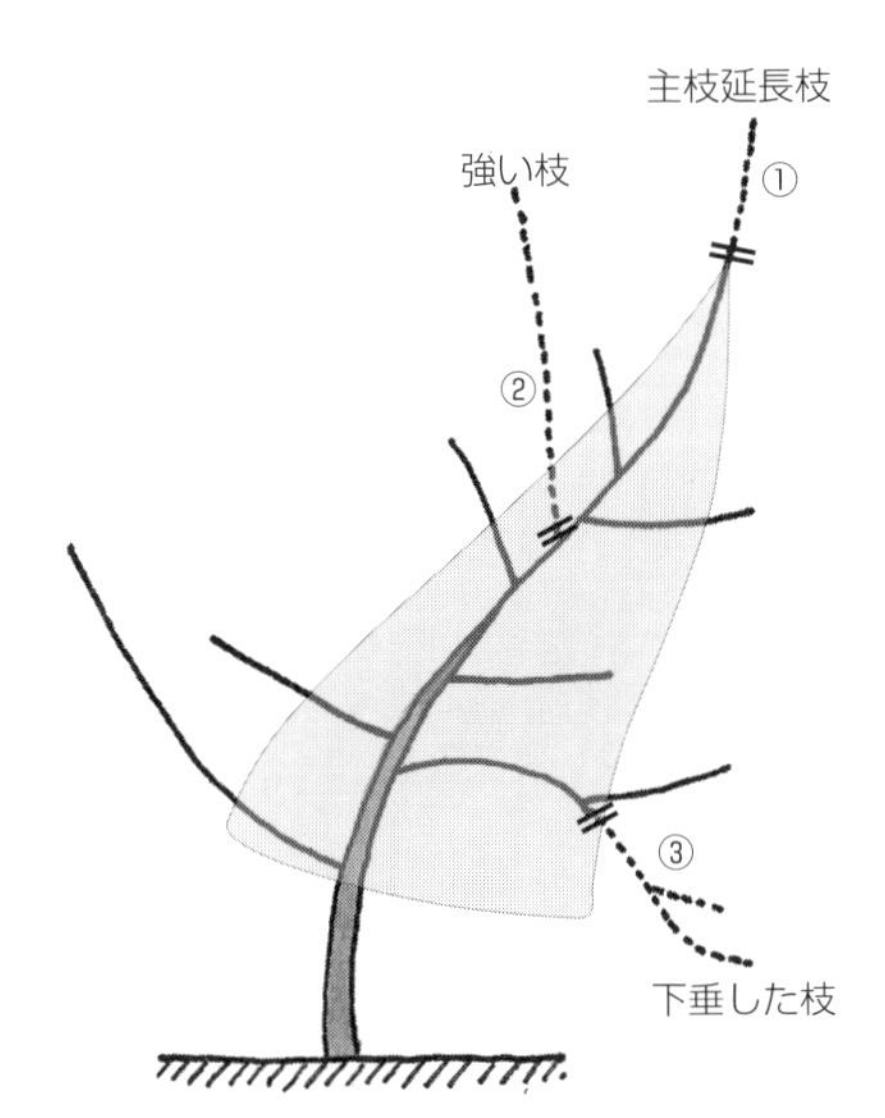

図1-18　若木のせん定の基本
①主枝先端の切り返しは、枝の充実や伸長量により伸長量の1/3～1/2ぐらいをせん除する。先端の勢力が強ければ、切り詰めを弱めて切り返しの程度を調節する
②先端から基部にかけて三角形になるよう枝を配置する。形を乱す強い枝は間引く
③先端が下垂した枝は、上向きの勢力のある枝の位置で切り返す

側で、1mほど離れた位置から選ぶ。発生位置の距離が近すぎると主枝を負かす危険性が高まる。

主枝と競合する立ち枝を中心にせん除し、主枝先端部は、先端または切り返して先端の候補となる枝が60～80cmの長さになるように、充実程度に応じて切り返す。

また、主枝、亜主枝の延長枝が負け枝とならないように、側枝の配置や結果枝の量を調整する。とくに側枝が旺盛だと、1年おいただけで主枝を負かすことがあるので、大きめの側枝は基本的にせん除する。大きめの側枝をおく場合は、それよりも先端側におく枝の量を多くする（図1-19）。

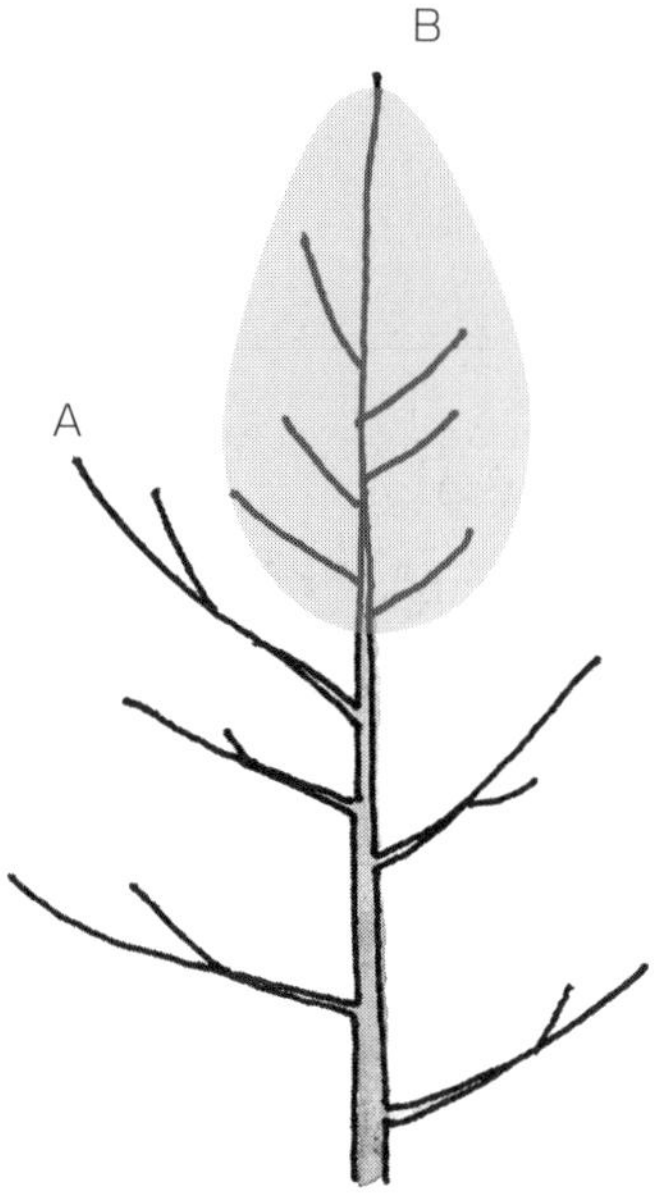

図1-19
側枝と主枝延長枝のバランス
大きめの側枝（A）をそのままおくには、Aより先端側の枝全体の総和（B）が大きくなるように枝数を多く配置する

一方で、結実が増えてくるので、主枝や亜主枝先端が下垂しないよう、支柱をあてがう。各骨格枝とも先端から三角形となるようなバランスで枝を配置する。

⑤結実と樹形づくりのバランス

幼木→若木→成木へと生長していくなかで、着果管理は結実と樹形づくりを両立して進めるうえで重要な役割を果たす。勢力のある強い新梢は適度な着果負荷によって落ち着いた結果枝へと導かれる。逆に、やや落ち着き気味の新梢は着果負荷の軽減によって樹勢の回復が図られる。では樹齢に応じてだいたい何kgずつ収穫していけばよいのだろうか。

果実重が300gほどになる品種で、1年生の苗木を定植してから成木までの収量の推移をシュミレーションしてみると、おおむね次のようになる。

まず順調に生育すると果実は2年目に初成りし、10個ほどが結実する。果実はまだ小玉で、玉張りは200g程度である。ただし、幼木期の過剰な着果は生育の妨げとなるので、着果させても品種を確認するために数個にとどめる。

3年目は、やや玉張りが向上して250gになり、20個ほどが結実する。4年目になると300gとなり品種本来の特性が現われる。50個（15kg）ほどが結実する。5年目には100個（30kg）、6年目に200個（60kg）が収穫できる。8年目で600個（180kg）、10年でほぼ成木となり800個（240kg）が収穫できる。

とくに注意したいのは、幼木期の過剰な着果である。その後は、樹勢を見ながら強い枝にはやや多めに着果させて樹勢をコントロールする。

（本文36ページに続く）

開心形以外の樹形

①大藤流仕立て

昭和40年代後半に塩山市（現甲州市）大藤地区で開発された肥沃地向きの仕立て方である。骨格となる主枝候補枝を地際の低い位置から車枝の状態で発生させるのが特徴で、成木になっても樹高は約3.5ｍに収まり、低樹高である。

幼木時は多くの主枝候補枝を配置して、その後樹冠の拡大に伴って順次間引く。樹形完成時には3～4本主枝となる。亜主枝はつくらず、骨格以外は側枝と結果枝だけの構成となる。完成した樹形は開心形または盃状形となる（図①）。開心自然形では使わない徒長枝を積極的に利用し、若木のときから果実を成らせながら樹を落ち着かせる。弱せん定によりせん定量はきわめて少なく、結果枝の80～90％が短果枝となる。

低樹高に仕立てて経済樹齢を長持ちさせ、若木時代から樹勢を落ち着かせて品質の安定化を図り、成木並みの収量を確保する（早期成園化）、着果位置による果実品質のばらつきをなくし、高品質生産を狙った仕立てである。

①大藤流仕立ての完成樹形
主枝の勢力が均等になるように配置した3～4本の主枝からなる

②大草流仕立て

この仕立ては、山梨県韮崎市大草の矢崎保朗氏が開発した。骨格枝を低い位置から分岐させ、広く八方に地を這うような形で伸ばす樹形となる。樹が開張しやすいので、樹高は約3.5ｍとなり、開心自然形より樹高は1ｍほど低く、樹冠の直径も1ｍほど広い。成木でも5尺の脚立があればすべての管理作業ができる（図②）。

疎植による植え付けで、樹は開張しやすいので受光態勢が優れる。骨格枝はまっすぐでコンパクトな側枝を配置するため作業効率が高い。この仕立てでは樹の骨格を広げて低く

②大草流仕立ての完成樹形
骨格は広げた傘を逆さまにしたようなイメージとなる。主枝・亜主枝から発生した側枝は短めに維持する。側枝は葉の形をイメージして、中央付近には大きな側枝を、基部と先端には小さな側枝を配置する

抑えるぶん、徒長枝の発生が多くなる。徒長枝は切らずにおけば養分を浪費し、下枝の光条件を悪くしてはげ上がりの原因となりやすい。しかし徒長枝は摘心を行なうことで、中・短果枝主体の結果枝へと導ける。6月に3～4芽（5㎝程度の長さ）残して摘心する。ただし、着果している枝から立つ新梢は、玉張りや生理落果の問題があるので、着果位置から20㎝を目安に切る。摘心は、一律に切るのではなく、樹全体の30％を目安に切る。ふたたび新梢が伸びて込んできたら、また30％程度切る。1カ月に1回この処理をして、吹き出す新梢の勢いを摘心とせん定によって弱めれば、結果枝へと置き換わっていく。

大草流仕立ては、新梢管理が重要な作業となる。この管理が中途半端になると、低樹高化と作業性の効率化が実現できない。良品生産も望めない。これらの管理ができるかどうかを検討したうえで導入を考える。

③斜立主幹形

長野県の千野正雄氏が開発した整枝法で、同県各地に普及している。1本の斜立した主幹に亜主枝、側枝を左右に配置し、全体的に底辺の広い三角形の樹形で（図③）、次のような特徴がある。

主幹は南向きを基本に同じ方向へ斜立させることで樹と樹の重なりが少なく、受光態勢を良好にでき、高品質な果実が生産できる。おもな管理作業が樹冠下のうね間ででき、低樹高化できるため、作業性が向上する。導入当初からの計画密植と主幹へのバランスのよい枝の配置で、結果部位が多くなるため、早期成園化と早期増収が図れる。

③斜立主幹形の完成樹形
樹と樹の重なりが少なく、受光態勢が良好で良品がとれる。低樹高で作業がしやすい

南面傾斜地では、主幹陽光面に日焼けが発生しやすいため、陽光面への日焼け防止の小枝を配置する。夏季、秋季の新梢管理が重要になるため、その管理が行なえる体制づくりを進めながら導入する。

④ユスラウメ台木を用いた主幹形

主幹形整枝は、ユスラウメ台を用いることで低樹高化と品質向上が図れる。結実初年度から成木とほぼ同等の果実品質が期待できる。隣接樹との間には20㎝ほどの空間を設け、通風・採光の条件を最高にする。受光態勢を考慮して植え付けは、うね間3.3m、株間1m前後の並木植えとする。植え付け時には、先端の切り返しは行なわない。

ユスラウメ台木は地上部の大きさに対して根量が少なく、根域も浅いため、乾燥に注意する。耐水性も低いので、排水対策を徹底する。また、接ぎ木不親和性が見られるので、支柱を立て、接ぎ木部の折損を防ぐ。接ぎ木部付近にはコスカシバが食入しやすい。主幹部の防除を徹底する。

主幹形の栽培では、作業性と果実品質向上のため、良好な中短果枝を主体にした樹冠形成を目指す。冬季せん定だけで樹形をつくることはせず、肥培管理、結果量の調節、結果部位の調整、新梢管理をそれぞれ適正に行なうことが大切である。

なお、ユスラウメ台を利用した樹の経済樹齢は野生モモを用いた場合より短い。

⑤棚仕立て

熊本県では、ハウス栽培における立ち木仕立ての問題点を平棚仕立ての開発で解決した。実証の結果、開心自然形よりも早期成園化が早く、品質も優れる。また、脚立を用いることがないので、摘蕾、摘果、袋掛け、収穫などの作業が20％効率化されるなど、多くの利点が認められている。

④棚仕立ての完成樹形（左）と結実状況（右）（熊本県農業研究センター果樹研究所）

棚仕立ての整枝法としては、一文字整枝、3本主枝整枝、H字形整枝、改良H字形整枝などがあるが、多くの点で改良H字形整枝が有利とされている（図④）。

導入にあたっては、棚面の高さが作業者の身長にあっていないと作業効率が著しく低下する。成木になると樹の重みで棚面が下がるので、高さを支柱の本数により調節する。果実に傷が付きやすいので、支線は合成樹脂線、あるいは被覆線を用いる。小張線の間隔は、誘引作業を考慮して30㎝程度がよい。棚面から旺盛な新梢が発生するので、新梢管理や秋季あるいは冬季の誘引に手間がかかる。その労力を確保したうえで、導入を図る。

また管理上の留意点としては、立ち枝が多く、薬剤の散布むらが出やすいので、補助散布を行なう。摘果作業では、支線に近い果実は傷果になりやすいので、優先的に摘果する。棚上の主枝や側枝の陽光面には、直射があたらないように必ず小枝を残す。

⑥Y字形整枝

Y字形整枝は、山梨県白根町西野（現：南アルプス市）に初めて導入された。オーストラリアのタチュラ仕立てをヒントに開発されたといわれる。その後、山梨県果樹試験場でも試作し、管理方法などを詳しく検討した。

3.5ｍ以下の低樹高栽培と早期成園化を目的とした整枝法である（図⑤）。単管パイプで波状棚をつくり、誘引線を50㎝間隔に張る。2本の主枝は仰角が約60度となるように開く。棚の設置には10ａあたり約50万円の経費が必要となる。樹高が低いので、6段の脚立で作業でき、作業効率が高い。受光態勢がよいため、果実品質もよい。植え付け後5～6年で成園化できる。

長さ2ｍの側枝と、そこに形成される中・短果枝の維持が技術のポイントとなる。樹勢調節と中果枝をつくるために9月上旬に秋季せん定を行なう。樹全体における熟期が揃うので、収穫労力を確保しておく。

⑤Y字形整枝の完成樹形
3.5ｍ以下の低樹高と、植え付け後5～6年の早期成園化が特徴

1 安定生産に欠かせない灌水

モモの生育において水分管理はきわめて重要で、土壌が乾燥すると樹勢や果実肥大に大きく影響する。春先から7日間隔で20～30㎜を目安に定期的に灌水を行ない、土壌水分を適度に保つ。果実肥大期からは灌水間隔を砂質土壌で3～4日ごと、壌土や火山灰土壌では6～7日ごととする（表1-2）。

梅雨明け後は高温で地表面や葉からの蒸散が著しい。定期灌水と併せて、状況に応じてスポット灌水を行なう。梅雨明け後の灌水は、夕方が望ましい。

収穫2週間前くらいから果実は著しく肥大し、多くの水分が必要となる。この時期までの十分な灌水が果実品質に大きく影響する。この時期以降は灌水を控える。

土壌が乾燥するとモモは光合成能力が低下して呼吸量が増加し、貯蔵養分になるエネルギーを消耗する。

灌水手段がない園地では、タンクや貯水槽を設けて雨水を貯めるなど水を確保する工夫が必要である。地下水源の豊富なところでは井戸を掘ってポンプアップして灌水に努める。

表1-2　生育ステージごとの土壌種類別の灌水間隔・量の目安

生育ステージ ＼ 土壌の種類	砂質土		壌土・火山灰土	
	灌水間隔＊	灌水量	灌水間隔＊	灌水量
樹液流動～開花結実	7日	10㎜	10日	15㎜
果実肥大1期～硬核期	3～4日	15㎜	5～6日	20㎜
果実肥大3期～着色直前		10㎜		15㎜
着色始め期～収穫期		7㎜		10㎜
養分蓄積期～落葉期	7日	10㎜	10日	15㎜

＊連続して降雨がない場合の灌水間隔
スプリンクラーによる1時間あたりの灌水量は約6㎜に相当する

図1-20　樹幹周囲の有機質資材によるマルチング
乾燥防止と抑草効果がある

2 有機質マルチによる乾燥対策

灌水設備が整っていない園や乾燥しやすい土壌の園では、樹幹周囲を有機質資材（稲ワラ、刈り草）でマルチすると乾燥防止の効果がある（図1-20）。これは地表面からの蒸散が抑制され、土壌水分が保持されることに加えて、有機質マルチで覆うことにより、土壌の団粒化が進み、保水性が改善されるからである。また雑草の抑制効果もある。
マルチ資材は、稲ワラが入手しやすく多く利用されているが、刈り取った雑草などでも同様の効果が得られる。
若木のうちは根域が浅いため、土壌の乾燥が生育に大きく影響する。2～3年生まででは有機質マルチで乾燥防止の対策を行なったほうが順調に生育する。
ただし、樹幹周囲のマルチを長年続けると次第に浅根になる傾向があり、逆に乾燥の影響を受けやすくなる。樹幹周囲のマルチは2～3年で止め、それ以降はタコツボ式の深耕で、根域が表層から深層へと拡大していくように管理すると乾燥に強くなる。

硬肉モモ

モモには、果肉の成熟、軟化の特性が遺伝的に異なるいくつかのタイプが存在する。現在栽培されている品種の大部分は、成熟に伴い急激に果肉が軟化する溶質タイプと呼ばれるモモである。一方で、硬肉と呼ばれるタイプがあり、成熟期になっても果肉が硬く、収穫後もほとんど軟化しない。わが国では生産量は少ないが「おどろき」「まなみ」などの硬肉の品種が栽培されている。これらはふつうのモモ品種間の交雑で得られた実生から発見されたものである。

また、硬肉モモのなかには、ある程度（果肉硬度2.0kg程度）まで軟化するが、それ以上は軟化しない中間タイプがあることが、これまでの研究で明らかになってきた。

「収穫1週間後と2日後のモモを食べ比べても硬さや食味が変わらない」など、これまでにない特性がある。一定以上軟化しないので棚持ちがよく、輸出向けや遠隔地での販売に向いており、早生品種の核割れによるロス果を軽減できることから、山梨県果樹試験場では中間タイプの硬肉モモの品種育成を進めている。

農研機構果樹茶業研究部門（旧果樹研究所）でも、その遺伝様式や果肉を軟化させるための簡便なエチレン処理方法など、硬肉モモに関する研究を行なっている。

硬肉モモ（中間タイプ）の外観
溶質タイプと硬肉モモで外観的なちがいは、ほとんどない

第2章 モモの有望品種

基本編

品種選択の基本

1 品種分類の区別

モモの品種は果実の形質や成熟期、利用用途などにより分類される。まず果実の果皮表面における毛じの有無によって毛のあるものがモモ（図2-1）で、毛のないものがネクタリン（図2-2）である。

完熟した果肉の色のちがいから白色のものを白肉種、黄色が黄肉種として区別している。

果肉と核の離れやすさから、果肉から核が離れやすいものを離核種、離れにくいものを粘核種としている。わが国のモモは粘核のものが多い。欧米の生食用品種やネクタリンの多くは離隔である。

肉質のちがいから溶質と不溶質（ゴム質）に分けられる。溶質とは熟した場合に果肉が著しく軟化するタイプで、不溶質とは、果実が熟しても果肉の軟化が少なく、一般にゴム質と呼ばれる。ゴム質のモモは完熟

図2-1　モモの外観
果皮には細かな毛がある

図2-2　ネクタリンの外観
ネクタリンには毛がない。摘果や袋掛けのときに毛の飛散がなく扱いやすいが、病気には弱い。そのため、袋掛けしても葉ずれの傷や果点が発生しやすい

しても弾力があり、主として缶詰用に改良されてきたため、黄肉のものが多い。

また、成熟期の早晩から、開花から成熟までの日数（以下、成熟日数とする）が80日以内のものを極早生種、100日以内のものを早生種、101～120日を中生種、121～140日を晩生種、141日以上を極晩生種に区分する。さらに用途のちがいから生食用と缶詰やコンポートなどの加工用に区別される。

2 労力に見合った品種を選択

モモは収穫期間が約1週間と短いため、出荷にどれだけの労力をかけられるかで導入する品種の数は限られる。またモモの果実は軟らかくデリケートなので、収穫は果実の温度が上がらない朝もぎが基本となる。収穫作業は早朝からとなり、果実の収穫適期の判断が品質の評価に直結するので雇用の確保は難しい。

家族2人の労働力に、1人8時間で換算して年間で延べ380人ほどの雇用を入れて栽培できる面積は120aほどである。安易に栽培面積を増やしてしまうと、結局収穫が間に合わず、ロス果の発生増加につながる。同じ品種でも標高差を利用したり、無袋と有袋を組み合わせたりして収穫期をずらす工夫が必要となる。基本的には労力競合を避け、収穫期のちがう品種を、早生から晩生まで切れ目なく導入することが品種選択のポイントとなる。

品種導入にあたっては、成熟期の天候、労力分配、市場性などを考慮し、どの時期に出荷の重点をおくかを決め、熟期の異なる品種を選ぶようにする。

生食用のモモは、一般的に果肉が溶質で軟らかく、多汁

表2-1　モモのおもな品種とその特性

早晩性	成熟日数	品種名	熟期	花粉	着色の難易	果肉色	果肉の粗密	果実重（g）	糖度（%）	酸度（pH）	生理落果	袋掛け
極早生	71～80	はなよめ	6月下旬	あり	易	乳白	中	188	11.3	4.6	少	無袋
	71～80	ちよひめ	6月下旬	あり	易	白	やや密	158	11.7	4.5	少	無袋
早生	81～90	日川白鳳	7月上旬	あり	易	白	中	290	12.1	4.6	少	無袋
	91～100	みさか白鳳	7月中旬	あり	易	乳白	やや密	234	13.0	4.8	少	有袋
	91～100	加納岩白桃	7月中旬	あり	易	白	密	247	12.8	4.5	少	有袋
	91～100	夢しずく	7月中旬	なし	中	白	密	316	13.3	4.7	少	有袋
中生	101～110	白　鳳	7月下旬	あり	易	乳白	密	332	13.7	4.9	少	有袋
	101～110	あかつき	7月下旬	あり	易	白	密	248	13.1	4.3	少	無袋
	111～120	嶺鳳（れいほう）	8月上旬	あり	易	乳白	密	309	14.0	4.8	少	無袋
	111～120	浅間白桃	8月上旬	なし	やや易	白	密	330	13.8	4.7	多	有袋
	111～120	なつっこ	8月上旬	あり	易	乳白	中	340	14.3	5.1	極少	有袋
	111～120	一宮白桃	8月上旬	なし	中	乳白	密	358	14.1	4.9	少	有袋
晩生	121～130	一宮水蜜	8月中旬	あり	易	白	密	330	15.5	4.8	少	有袋
	121～130	川中島白桃	8月中旬	なし	易	白	密	446	14.2	4.7	少	有袋
	131～140	ゆうぞら	8月下旬	あり	易	乳白	密	431	13.7	4.7	少	有袋
極晩生	141～150	幸　茜	9月上旬	あり	易	白	密	451	15.1	4.2	少	有袋
	141～150	さくら	9月上旬	あり	易	白	密	380	15.6	4.5	少	有袋

注）山梨県果樹試験場のモモ品種比較試験の調査結果による

質のものが好まれる。最近は品質のよい中生種から晩生種が中心になっている。ネクタリンは、酸味の強いタイプと甘味の強いスイートタイプがあるので、食味を考慮して品種を選ぶ。缶詰用には、適度の大きさで果肉が不溶質で紅色素が少なく、粘核で加工しやすいものが適している。

現在、おもに栽培されているモモの品種は表2-1のとおりである。導入品種を決定するにあたっては、品種特性を把握するのはもちろん、次のような点にも留意し、慎重に検討する。

①人工受粉や袋掛けが必要かどうか、栽培の難易度はどうかなど。同じ地域で、その品種を栽培している人に問い合わせてみるのがよい。

②収穫、出荷など労力のかかる作業が他の品種、他の作目と重ならない。

③農協の共選品種（機械共選品種）となっているか、また対象品種の地域での位置づけと出荷体制を確認する。

近年注目の黄肉モモ

1 トロピカルフルーツのような「黄金桃」

日本の生食用品種では圧倒的に白い果肉のものが多い。黄肉のモモは缶詰用の印象が強く、あまり生食には用いられなかった。近年、品質の優れる「黄金桃」のような生食用の黄肉品種が市場にも流通するようになってきた。

「黄金桃」は缶詰用のモモ品種を親にもち、黄肉品種の独特の香りがある。ほどよい酸味と皮から漂う濃厚な香りがマンゴーなどのトロピカルフルーツを想像させる。一方、農研機構果樹研究所（現果樹茶業研究部門）でも黄肉品種のシリーズ化を図り、極早生の「ひめこなつ」、中生の「つきあかり」、晩生の「つきかがみ」を育成している（表2-2）。

表2-2　果樹研究所が育成した黄肉品種の特性および果実特性
（果樹研究所公表データを改変）

	樹勢	樹姿	収穫盛期	果実重（g）	糖度（%）	肉質
ひめこなつ	やや強	やや直立	6月11日	120	12.4	中
つきあかり	やや強	中間	7月31日	226	14.0	やや密
つきかがみ	強	やや直立	8月21日	366	13.7	やや密～密

2 黄肉種は除袋せず収穫

モモは一般に果実に袋を掛ける有袋栽培が行なわれるが、これは裂果防止や着色促進などが目的である。「清水白桃」や「白桃」など白桃系品種が中心の西日本では、袋を掛けたままで白いモモとして収穫するが、東日本では収穫直前に袋を外して着色させる。前述の「黄金桃」などの黄肉品種は、袋を掛けたままで収穫するのが一般的である。収穫まで袋を掛けておくことで黄金色の美しい果実が収穫できるからである（図2-3）。収穫前に除袋すれば、黄色の地色に紅色が発色してオレンジ色に近い着色が得られる。外観は袋を掛けたままの果実に劣るが、陽によくあたり、糖度は1～2度高い。

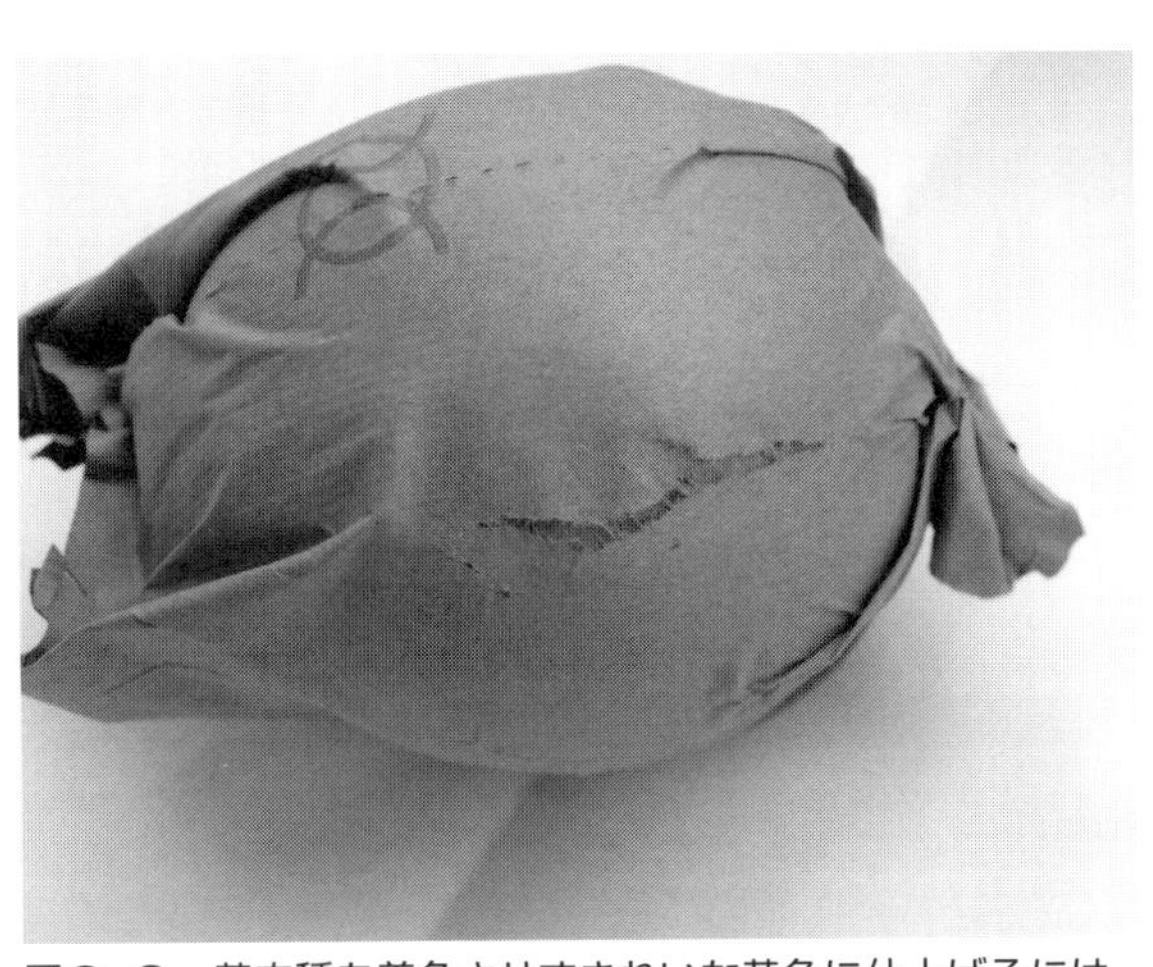

図2-3　黄肉種を着色させずきれいな黄色に仕上げるには、やや大きめのサイズの袋を掛ける
（右は小さすぎて袋が大きく破れている。品種は「黄金桃」）

黄肉品種は差別化されて有利販売されている面もあるが、需要はまだ限られる。また栽培的にも、今述べたとおり、着色させずに黄色の果実を生産するので袋を被せたままの収穫となり、適期を判断するのが難しい。一定の技量も必要となり、販売方法とあわせ導入の際の検討課題にはなる。

スイートタイプのネクタリン

1 甘くなったネクタリン

ネクタリンはモモの一種だが突然変異で生まれ、果皮には毛がなく、テカテカした果皮の光沢から「油桃」とも呼ばれる。毛がないので、一般のモモより病気に弱く、強い風が吹くと果皮が擦れて傷付くほど果実はデリケートで、栽培は難しい。また「フレーバートップ」や「ファンタジア」「メイグランド」といったアメリカで育成された品種は、モモに比べて酸味が強過ぎ、今ひとつポピュラーではなかった。

その後、スイートタイプの「反田ネクタリン」が種苗登録されてからは、山梨果樹試験場で育成されたスイートタイプの「黎明（れいめい）」「晶光（しょうこう）」「黎王（れいおう）」「晶玉（しょうぎょく）」なども登録され、ネクタリンはスイートタイプの新時代を迎えた。その後、長野県果樹試験場では「スイートネクタリン晶光」に「NJN76」を交配して「サマークリスタル」を育成している。

これら新タイプのスイートネクタリンはいずれも素晴らしい味わいではあるが、一般に目にすることが少ない。ふつうのモモに比べて病気に弱く、細やかな手入れも必要だからである。また収穫期間も短いこともあり、流通量が限られている。

2 おもなスイートネクタリン品種

①反田ネクタリン

山梨県甲州市塩山の反田喜雄氏が昭和38年に「白桃」とネクタリンの自然交雑実生の中から選抜、育成した品種で、昭和55年に種苗法の登録品種第40号を獲得した。

果実は円形で、果皮は乳白の地色に鮮紅色に全面着色する。着色の状態はぼかし状となる。果実重は２００ｇ前後。粘核で核割れの発生は中位である。果肉は白色の溶質で、肉質は密である。硬さは中程度で果汁は多い。糖度は平均16度で甘味が強く、酸味は少ない。食味良好で、日持ちはよい。熟期は育成地（甲州市）で8月上旬から中旬になり、「白桃」よりやや早い。

樹勢、樹姿、樹の大きさは、ともに中程度である。開花期は遅いが花粉は中程度あり、よく結実する。若木のうちは生理落果が多いので、樹勢を早く落ち着かせることが栽培のポイントである。果実は灰星病に弱く、肌荒れや裂果（小さなひび）の発生が目立つので、有袋で栽培する。

②スィートネクタリン黎明

山梨県果樹試験場が昭和49年に「反田ネクタリン」と「インデペンデンス」を交配して育成した黄肉のスィートネクタリンである。昭和59年に種苗法の品種登録第６４６号を獲得した。

花粉は多い。果実は短楕円形で１５０ｇ程度の大きさである。果皮の地色は黄色で、鮮紅色に着色する。着色は容易に進み濃厚である。着色はぼかし状となる（図２-４①）。

果肉は黄色の溶質で、肉質はち密である。核周囲を中心としてわずかに紅色が入る。糖度は13～14度で、甘味が強く酸味は少ない。核は離核で長楕円形を示す。成熟期は育成地（山梨市）で7月下旬である。果皮が弱く、無袋で栽培すると微裂果の発生が目立つので、有袋で栽培する必要がある。

③晶光

黎明同様、「反田ネクタリン」と「インデペンデンス」を交配して育成した白肉のスィートネクタリンである。昭和59年に種苗法の品種登録第１６４７号を獲得した。

図2-4①　黎明
樹齢を経るにしたがい樹勢が落ち着いてくると玉張りがよくなり、果形も円形に近くなる。ひび、サビなどの果面障害は少ないが、樹勢が弱かったり、大きい果実に直射光が強くあたると、障害を起こしやすい

図2-4②　晶光
「黎明」よりやや大きい傾向がある。果皮は滑らかで光沢があり、外観は「黎明」以上に美しい

図2-4③　黎王
果実は「黎明」より少し縦長傾向である。着色は容易だが、「黎明」に比べるとやや劣る

図2-4④　晶玉
果皮の地色は白色で、濃くぼかし状に着色する。無袋で栽培すると微裂果の発生が目立つので、有袋栽培する

花粉は多い。果実は短楕円形で１５０ｇ程度。果皮の地色は白色で、鮮紅色に着色する。着色は容易に進み濃厚である。着色の状態はぼかし状となり、光沢がある（図２-４②）。果肉は白色の溶質で肉質はち密である。果肉内の着色は微である。糖度は13度前後であるが「反田ネクタリン」より低く、酸味は少ない。核は離核で、長楕円形を示す。成熟期は育成地（山梨市）で７月下旬である。果皮が弱く、無袋で栽培すると微裂果の発生が目立つので、有袋で栽培する必要がある。

④黎王

「反田ネクタリン」と「インデペンデンス」を交配して育成した酸味の少ない黄肉のスィートネクタリンである。昭和63年に種苗法の品種登録第１８２４号を獲得した。

成熟期は育成地（山梨市）で８月上旬である。樹姿は直立性、樹の大きさは大、樹勢は強である。花はふつう咲きで、花粉はある。果実は短楕円形で２３０ｇ程度になる。果皮の地色は黄色で、着色は容易でぼかし状となる（図２-４③）。果肉は黄色の溶質で、果肉内および核周辺が少し紅色に着色する。肉質は溶質で、果汁は中程度ある。甘味はやや多く、酸味は少ない。離核で、生理落果・核割れ・裂果の発生は少ない。果実の日持ちはよいが、果皮が弱いため、無袋栽培では微裂果の発生が目立つ。有袋で栽培する必要がある。

⑤晶玉

「反田ネクタリン」と「インデペンデンス」を交配して育成した酸味の少ない白肉のスィートネクタリンである。昭和63年に種苗法の品種登録第１８２５号を獲得した。

成熟期は育成地（山梨市）で８月上旬である。樹姿は直立性、樹の大きさは大、樹勢は強である。花はふつう咲き、花粉はある。果実は短楕円形で、やや大きく約２１０ｇになる。果皮の地色は白色で、着色はやや多く、濃くぼかし状に着色する（図２-４④）。果肉は白色であるが、果肉内および核周囲に少し着色する。肉質は溶質で、果汁は多い。甘味はやや多く、糖度は12〜13度であるが酸味は少ない。核は離核である。生理落果および裂果の発生は少ない。果実の日持ちはややよい。果皮が弱く、無袋で栽培すると微裂果の発生が目立つので、有袋で栽培する必要がある。

⑥サマークリスタル

長野県果樹試験場が、平成２年「スィートネクタリン晶光」に「ＮＪＮ76」を交配して、選抜育成された品種である。平成17年に種苗法の登録品種第１２５８９号を獲得した、食味の優れた早生のスィートネクタリンである。

果実は円形で、果実重は１５０〜２００ｇである。果皮は赤く全面着色する。果点の発生により果皮の荒れが生じやすい。果肉は白色で果肉内の着色は少ない。肉質は溶質で、ち密で締まっている。糖度は10〜12度、酸度はpH 4.1前後で、他のネクタリンよりは少ない。果汁が多く食味は優れる。核は粘核である。熟期は育成地（須坂市）で７月中から下旬であり、「アームキング」に次いで収穫となる。日持ち性は「ミス・りか」並みの中程度である。

樹勢は中で、樹姿は直立と開張の中間である。花粉があり、生理落果も少ないことから生産は安定している。通常防除で問題となる病害虫は見られない。

おもな台木品種

1 おはつもも

長野県下伊那地方の在来種である。極小粒種でサツマイモネコブセンチュウに強い。細根の発生が多く、豊産性の台木である。縮葉病にも強く、採種用母樹として扱いやすい。

実生苗は生育がよく揃い、枝幹部の分岐が少ないので接ぎ木も容易である。台木としての特性は接ぎ木親和性が良好で生育が揃う。根系の発達がきわめてよい。

2 筑波系台木

農水省果樹試験場で育成した赤葉系台木は3群に分けられる。そのなかで「筑波4号」「筑波5号」「筑波6号」のグループは、半高木性を示し、若木のうちから生産量も高い（図2-5）。

図2-5　モモ台木「筑波5号」の果実

「筑波4号」の実生は個体変異が大きいが、わい化効果が見られ、若木のうちから大果で品質良好な果実を生産できる。「筑波5号」の実生も同様のわい化傾向が見られる。肥沃地では、樹勢も適度で半密植栽培が可能である。また、「筑波4号」「筑波5号」台木の樹は若木時から結果枝の充実と花芽の着生が良好で、品質の優れる果実を生産でき、生産効率の高い台木であることが明らかになっている。山梨県や長野県でも玉張りの優れる台木であることを試験で確認している。

3 富士野生桃

山形県の種苗会社㈱イシドウから販売されている台木である。山梨県果樹試験場で台木特性について試験を始めているが、詳細はまだ明らかになっていない。

カタログでは次のように紹介されている（一部抜粋）。

「山梨県の富士五湖周辺の野生桃より選抜した系統で、種子が小粒で離核、実生は細根の発生が多い。台木にした場合は樹勢が強く、寒害に強い。近年、連作障害や寒害等と思われる原因で、桃の樹が4～5年位で枯死する事例が多く寄せられている。耐性のある台木を研究・試作を重ねた結果、現在10年経過し良好な成績を収め（……以下略）」

4 払子（ほっす）

長野県佐久市の小平忠雄氏が昭和35年に

白花の野生桃から採取し、その実生の中から選抜・育成。平成15年に種苗登録（種苗登録品種第11374号、その後、平成25年失効）。

小平種苗農園が発表した「払子」台木の特性として、毛細根が極多。センチュウ害、根頭がんしゅ病がほとんどない。乾湿害に強く、寒害にも強い。改植障害が少なく生育は良好であることなどが示されている。

5 ひだ国府紅しだれ

岐阜県の飛騨地方では以前からモモの枯死が問題となっていた。そこで岐阜県では枯死障害の防止に有効な台木を育成するため、1996年に高山市国府町在来の観賞用花モモの自然交雑実生から有望系統を選抜し、2008年に「ひだ国府紅しだれ」として品種登録した。

岐阜県中山間農業研究所によって明らかにされた本品種の特性は、以下のとおりである。

樹姿は枝垂れ性で、樹高は低い。根量が多く深根性である。穂品種との接ぎ木親和性は高い。「おはつもも」や「長野野生桃」など慣行の台木に比べて、若木の枯死や主幹部障害の発生が大幅に軽減される。穂品種の樹勢が弱くなるので、樹冠拡大は慣行の台木に比べてやや遅れる。6年生樹までの収量は「長野野生桃」よりやや少ないものの、果実品質に大きな差はない。

「ひだ国府紅しだれ」は台木または穂品種を接いだ苗木の状態で市販されている。

6 ユスラウメ

モモの近縁種であるユスラウメはモモとの親和性が高く、生育抑制効果が認められるわい性台木である。ただし系統によっては3～4年で衰弱枯死するものもある。また排水不良園では樹勢衰弱や枯死樹が目立ち、耐水性が劣る。

果実は糖度が高く肥大も良好であるが、系統によっては渋味の発生が問題となる。根域が狭く浅い性質をもち、土壌の乾燥には弱いので砂質土壌ではとくに灌水や土壌の肥培管理の徹底が必要となる。

7 根頭がんしゅ病の罹病感受性

根頭がんしゅ病は苗木から持ち込まれることが多い細菌病で、汚染のひどい苗圃もあり注意が必要である。がんしゅの発生により根の養水分の吸収と移行が妨げられ、樹勢が弱る。アメリカでは台木の「ネマガード」が根頭がんしゅ病に強いと報告されている。わが国でも苗木養成圃場における罹病が多く認められ、赤葉系の「筑波1～6号」台木は「おはつもも」に比べて罹病率が高いといわれている。

対策として、事前に根頭がんしゅ病に対する生物農薬のバクテローズ（日本農薬）接種を行なった苗は、発病率を抑えることができる。バクテローズはすでに病原菌を保有している苗木に対しては防除効果がないので、予防的に使用する。苗圃での感染防止対策が重要となる。

実際編

第3章

12〜2月 休眠期から春先の作業（整枝・せん定、灌水、防除）

この休眠期の作業としては、何といっても整枝・せん定がある。1年のスタートを準備する重要な管理。開花前の灌水、休眠期防除とともに見ていこう。

せん定の勘どころ

1 モモは頂部優勢性が弱く、崩れやすい

植物には「頂部優勢性」という性質がある。直立状態の枝ほど強勢に伸長し、先端の芽ほど発芽が早く、発芽直後から伸長が強まる。逆に、下部の芽ほど生育が抑制され、発生する枝の分岐角度を広げる性質をいう（図3-1）。

モモはこの頂部優勢性が弱く、崩れやすい。例えば、下部から発生した主枝（第1主枝）が上部の主枝（第2主枝）に比べて強くなりやすい。また、誘引などの管理によって枝を直立状態から斜立〜水平状態に導くと、頂部優勢の性質がさらに崩される。これは頂部優勢を制御する植物ホルモンであるオーキシンの移動を減少させるからである。モモではこの性質をよく理解しておくと整枝・せん定もしやすい。

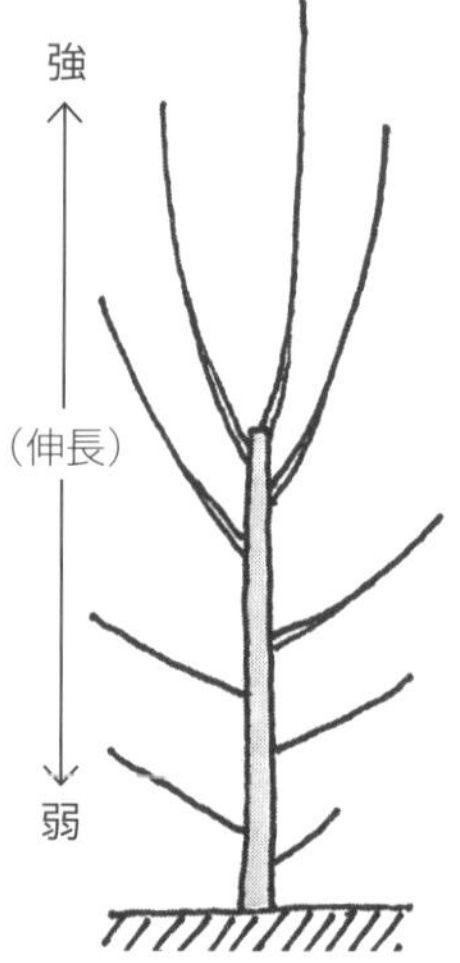

図3-1　頂部優勢性
頂部の芽ほど発芽が早く、発芽直後から伸長が強まる。逆に、下部の芽ほど生育は抑制され、発生する枝の分岐角度を広げる

2 栄養生長・生殖生長をバランスさせる

果樹の生育には栄養生長（枝葉の生長）と生殖生長（花芽形成・結実）があり、そのバランスが生産の安定に重要な意味をもつ。

図3-2に示すように、若木のうちは栄養生長が盛んであるが、樹齢を重ねるとともに低下する。生殖生長は成木期（6〜12

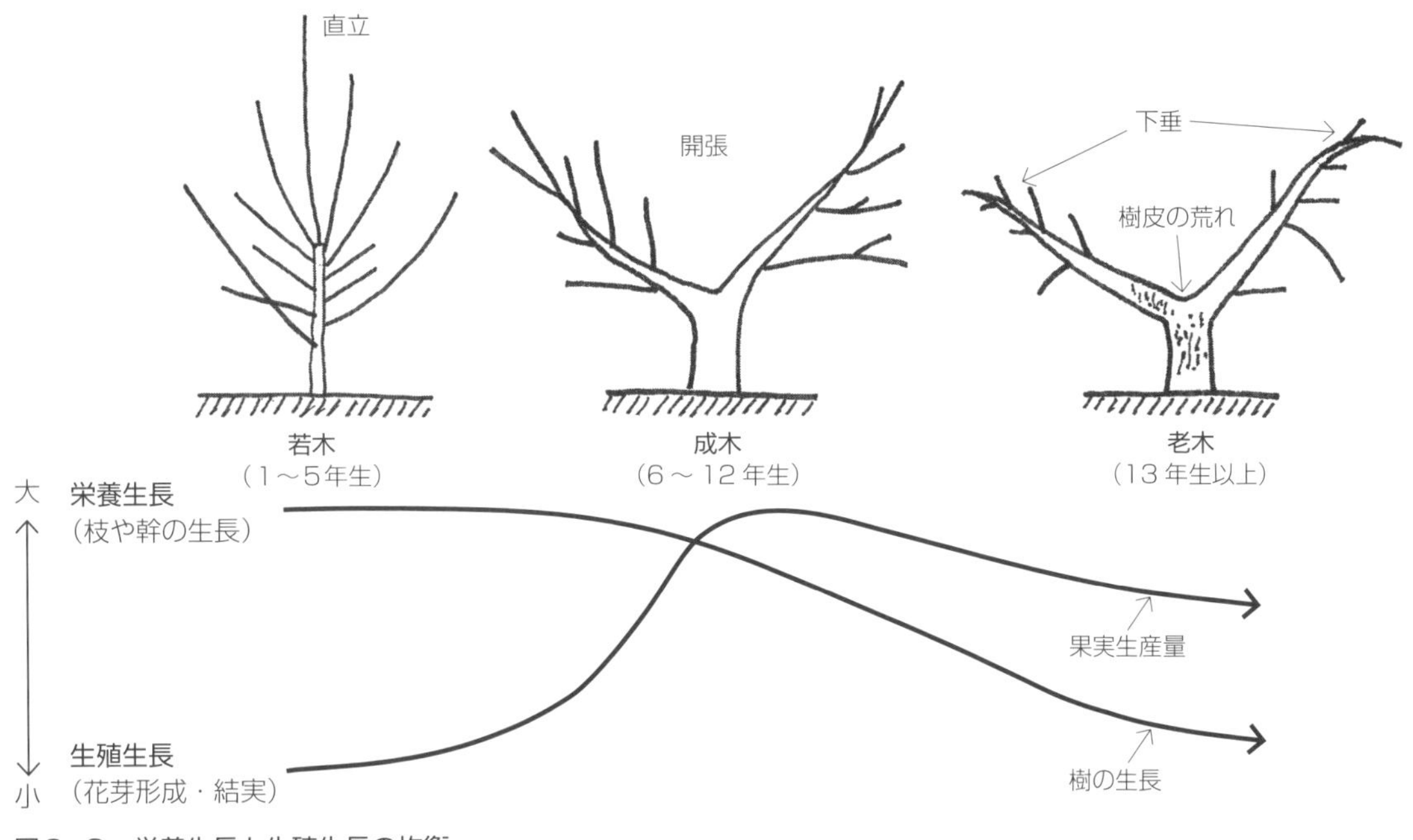

図3-2　栄養生長と生殖生長の均衡

樹勢	強	中	弱
新　梢	徒長枝多	中短果枝多	短果枝多
花　芽	少	多	中
葉　芽	多	多	少
生理落果	多	少	多
核割れ	多（変形果）	少	中
品　質	低	高	低

図3-3　樹勢が芽の着生や果実品質に及ぼす影響

年生）にピークを迎え、老木になるにしたがい次第に低下する。

栄養生長と生殖生長は、ある程度まで相反する関係があり、樹勢は強すぎても弱すぎてもよくない。樹勢と芽の形成や果実品質との関係を図3-3に示すが、樹を長期間維持するには結実に支障がない範囲で、〝やや旺盛な生育状態〟を保つ必要がある。

3 せん定と生育反応

落葉果樹は一般に、冬季せん定によって芽数を減らすと新梢伸張が旺盛となり、枝の勢いは増すが、生長量は減少する。

せん定には、切り返しと間引きとがある（図3-4）。切った枝の量が同じになる場合、切り返しせん定では枝の勢力が強くなり、樹姿は立ったかたちに、逆に間引きせん定では結実が多くなり、骨格となる枝や側枝が開いた樹姿となる。

一方、新梢の勢力（伸長の勢い）は発生する角度によって異なり、枝断

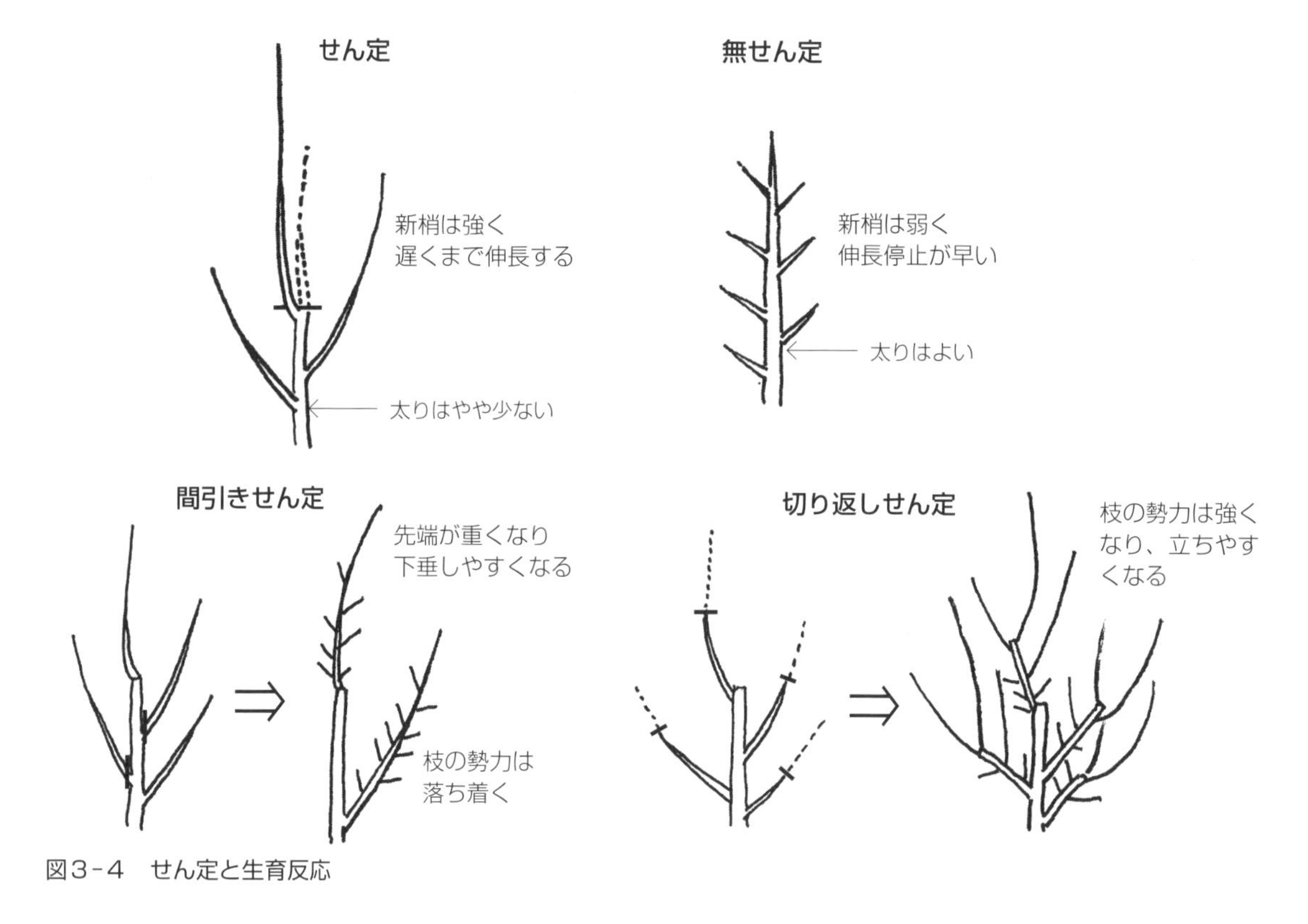

図3-4　せん定と生育反応

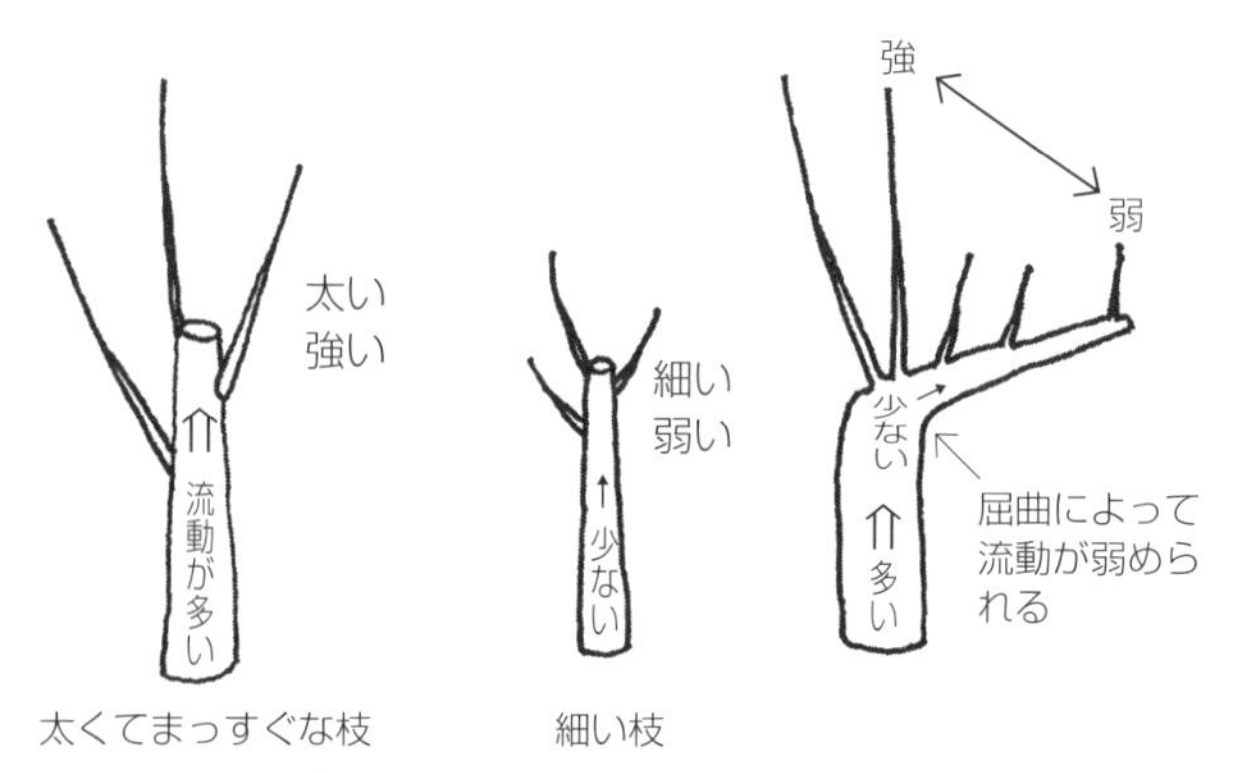

図3-6　養水分、植物ホルモンの流動と枝の生長

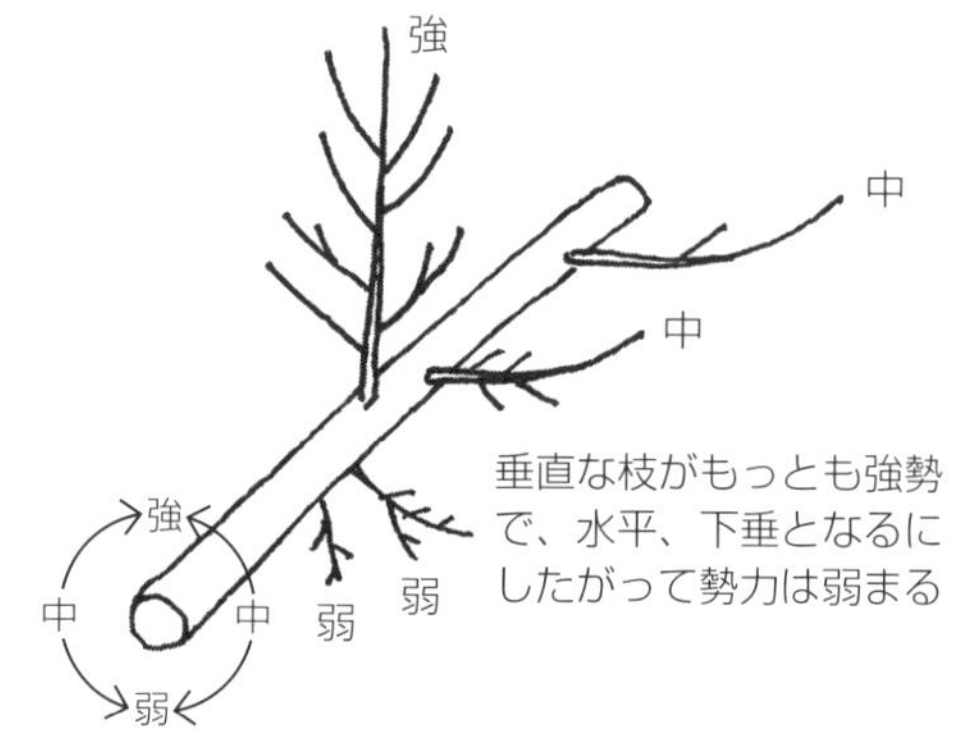

図3-5　新梢の発生角度と勢力
枝断面の上側から発生した新梢は強くなり、下側から発生した新梢は逆に弱くなる

面の上側から出た新梢は強く、下側から出た枝は弱い（図3-5）。

太くてまっすぐな枝は、多くの養水分や植物ホルモンが流動し、太くて勢力の強い枝になる。細い横向きや下向きの枝は弱い枝になる。屈曲した枝は、養水分や植物ホルモンの流れを妨げるので曲がった部分から強い枝が出る（図3-6）。

整枝・せん定の実際

整枝・せん定の作業は、経験が浅いと難しい「特殊な技術」のように思いがちであるが、決してそのようなことはない。ただ、樹の特性によって自然に伸びる枝を栽培者が考える形に仕上げるには、それなりの修練が必要となる。前節で述べたことを実地で確認しつつよく理解し、あまり構えることなく楽しくせん定ができるようにしたい。

整枝・せん定の狙いは、摘果や袋掛け、収穫などの管理作業を効率的に行なえるよう、作業性をよくすること、併せて高品質果実が安定多収できるようにすることにある。

表3-1　整枝せん定に関わる品種ごとの形態的特性一覧

品　種	形態的特性			
	樹勢	樹姿	花芽の多少	その他
ちよひめ	中	中	多い	芽飛びする
日川白鳳	やや弱い～中	中	多い	－
加納岩白桃	中	中	多い	－
白　鳳	中	中	多い	－
あかつき	中	中	多い	－
浅間白桃	やや強い	中	多い	－
なつっこ	中	中	多い	－
川中島白桃	やや弱い～中	やや開張	多い	－
ゆうぞら	やや強い	中	多い	－
幸　茜	やや強い	やや開張	多い	－
スィートネクタリン黎明	強い	やや直立	やや多い	－
スィートネクタリン晶光	強い	やや直立	やや多い	－
フレーバートップ	強い	やや直立	やや少ない	－
秀　峰	強い	やや直立	やや少ない	－

若木時代は、主枝・亜主枝の発生位置や発生角度に注意しながら目標とする樹形の骨格づくり（整枝）を進める。成木以降は、無理な樹形改善は控え、作業性を重視した整枝・せん定を心がける。

❶ 形よりバランス重視で切る（成木のせん定）

●狙いは受光態勢の改善と維持

成木の整枝・せん定の考え方としては、受光態勢のよい状態を維持する。とくに亜主枝上の側枝などは長くしすぎないように注意する。

例えば、側枝の先端に強い枝を無理して使うと長大化しやすい。先端の枝としてできるだけ中庸な枝を選ぶ。また年数を経るにしたがって主枝や亜主枝から遠く離れるので、せん定の反発が出ない範囲で短く切り詰める。

また、下垂する先端を維持するため、支柱や帆柱でつり上げを行なう。下垂した枝が多くなるので切り返しによる更新を行ない、主枝、亜主枝のなるべく近い位置で維持する。

品種による差はそれほど大きくないので（表3-1）、切り方を変える必要はない。むしろ樹勢が適正に保たれているかどうかが重要である。弱ければ、切り返しを主体にして若返りを図り、樹勢の回復に努める。逆に樹勢が強いと、とかく側枝を多くおきすぎてしまうので間引きせん定を主体に、間隔を適正に側枝を配置する。目安としては、長さ50～60cmの側枝は60cm間隔、長さ1.5～2mの大きな側枝は1.5m間隔とする。

●樹勢の強い樹、弱い樹の切り方

樹の状態をよく観察して、徒長枝の発生が多く、長果枝の占める割合が高い樹は間引きせん定を主体にする。

逆に徒長枝や長果枝の発生が少なく、短果枝・中果枝の占める割合が高い樹では、切り返しを中心にした強めのせん定を行なう。

●側枝は三角形状に配置

主枝、亜主枝に配置する側枝は、先端側ほど小さく、基部寄りになるほど大きい枝を配置して、三角形となるようにする。主枝や亜主枝の先端に近いもっとも小さい側枝は長さ50～60cmに、亜主枝近くに位置するもっとも大きい側枝は1.5～2mとする（図3-7）。互いに込み合わないように側枝はできるだけ小さく保ち、果実を成らせては下垂させ、切り返しを行なってつねに一定の範囲内に抑える（図3-8）。

●結果枝管理の基本

側枝に配置する結果枝の間隔は、結果枝の種類により調節する。側枝上の同一方向の配置間隔は、長果枝で30～40cm、中果枝20～30cm、短果枝は込み合わない程度とする（図3-9）。結果枝のうち、側枝延長枝（長果枝）は、先刈りを行なうと中果枝・短果枝が得られやすい（図3-10）。その他の中果枝・短果枝は先端の切り詰めは原則として行なわない。また、二次伸長した枝は葉芽のある位置まで切り返す（図3-11）。

●太枝の除き方

太枝を切って除く場合、基部部分を残さず滑らかな切り口になるよう、少しシワの

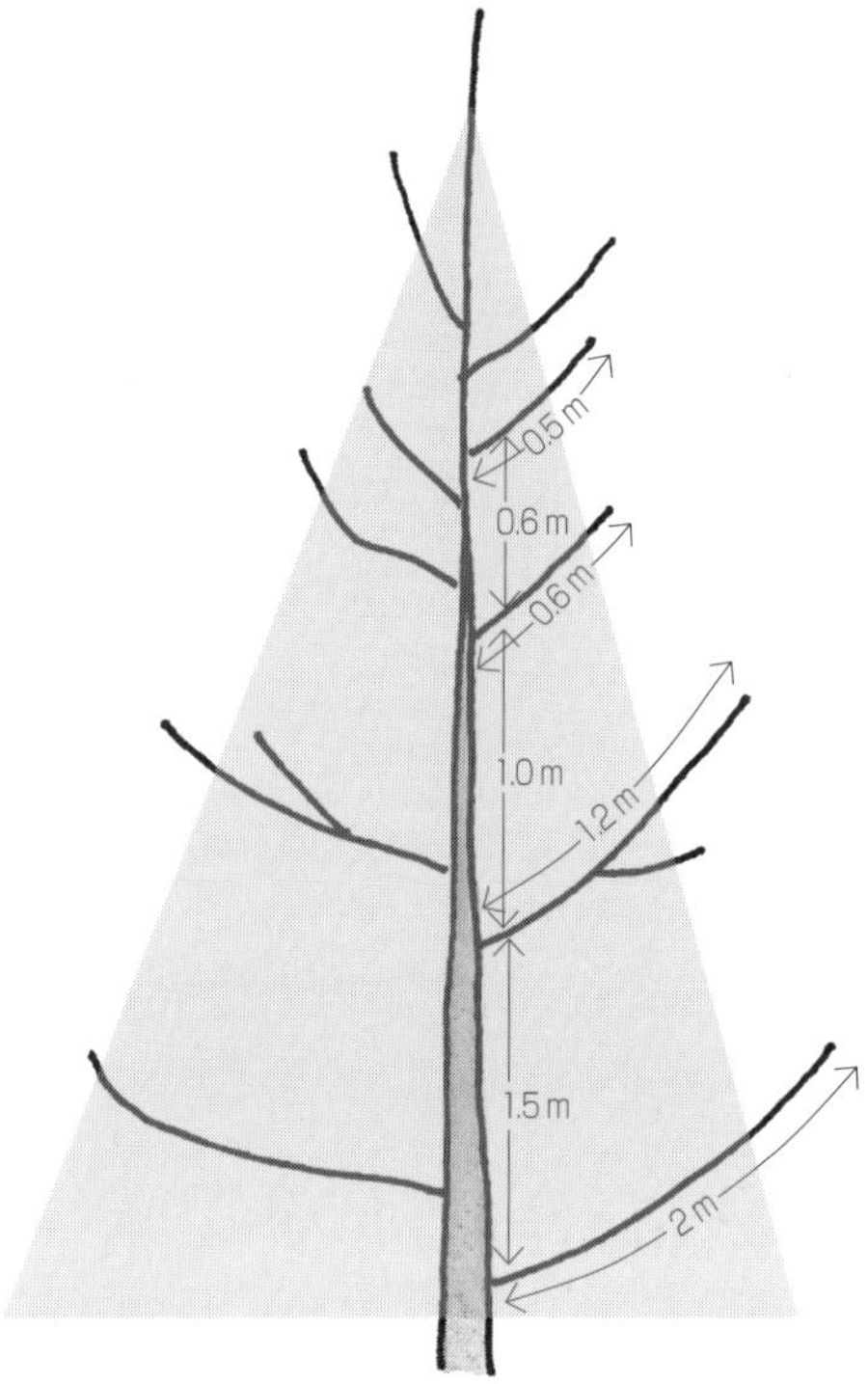

図3-7　側枝の大きさと配置バランス
側枝が長大化すると樹形や樹勢のバランスを乱すとともに作業性や採光を悪くして品質低下を招く原因となる
部位別に適度な大きさの側枝を養成するとともに、それを維持していく管理が必要となる
主枝や亜主枝ごとに三角形の樹形を構成するには、基部に近いもっとも大きい側枝を最長で2mとする

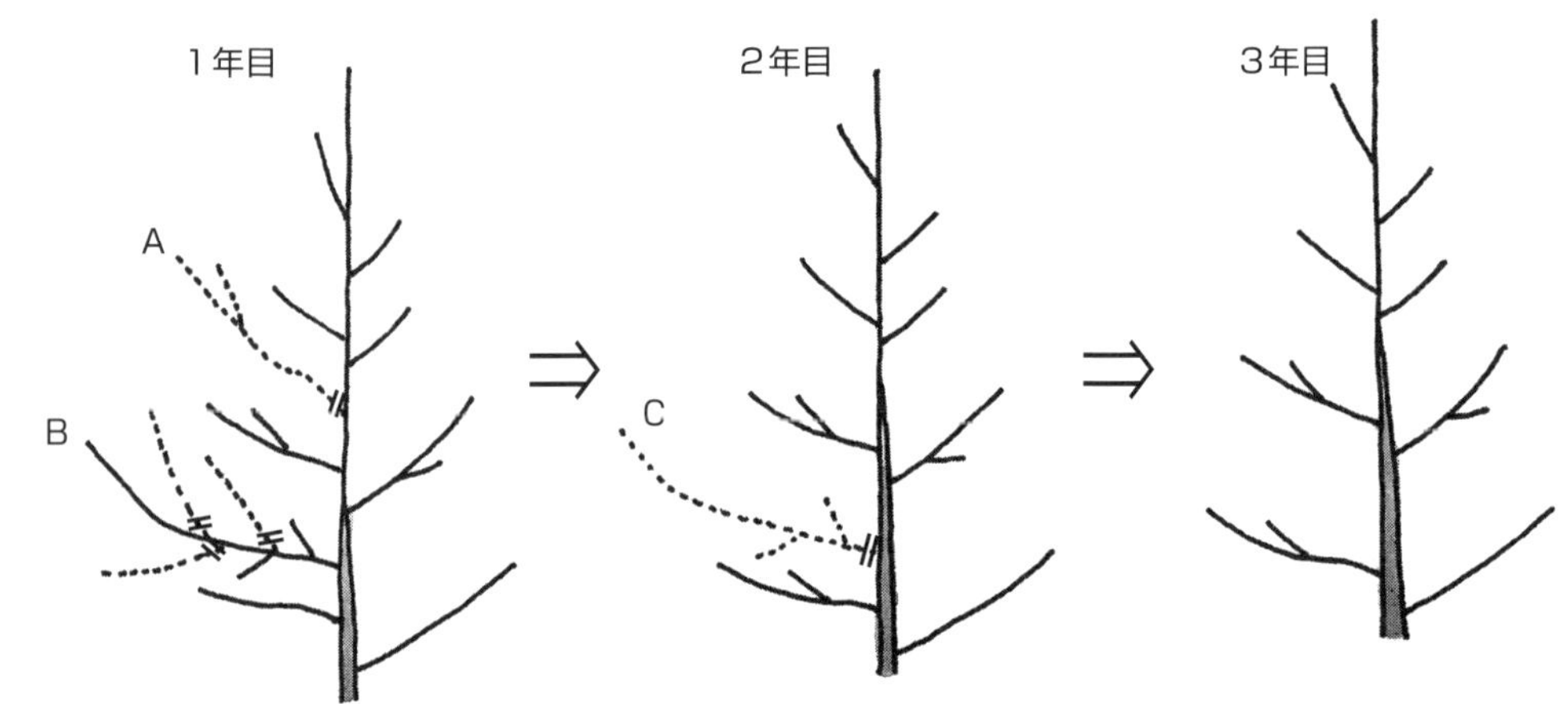

図3-8　側枝の更新
長大化した側枝のうち、Aのように直接抜けるものは1年で処理するが、Bのように過度に長大化したものは、1年目に大きめの枝を抜いて勢力を抑える。2年目に基部からせん除する（C）

ある位置を目安に切る（図3-12）。この方法でせん除すれば数年後には切り口が完全に包み込まれた状態となる。基部を少し残して切ると（ほぞ切り）、切り口が癒合することなく残り、枯れ込みの原因となったり、樹液流動を妨げ、日焼けの発生を助長する。太枝や側枝をせん除した大きな切り口には癒合剤を塗り、切り口を保護してカルスの形成を促す。

2 側枝は長大化させない

側枝は必要以上に長大化させると、三角形を基本とする樹形のバランスを乱すとともに、その側枝より先端側にある枝全体との勢力差（つまり葉面積の差）が小さくなり、骨格枝に負け枝が発生する。また、果実が肥大して下垂すると下の枝と重なりやすくなり、品質低下を招く原因となる。側

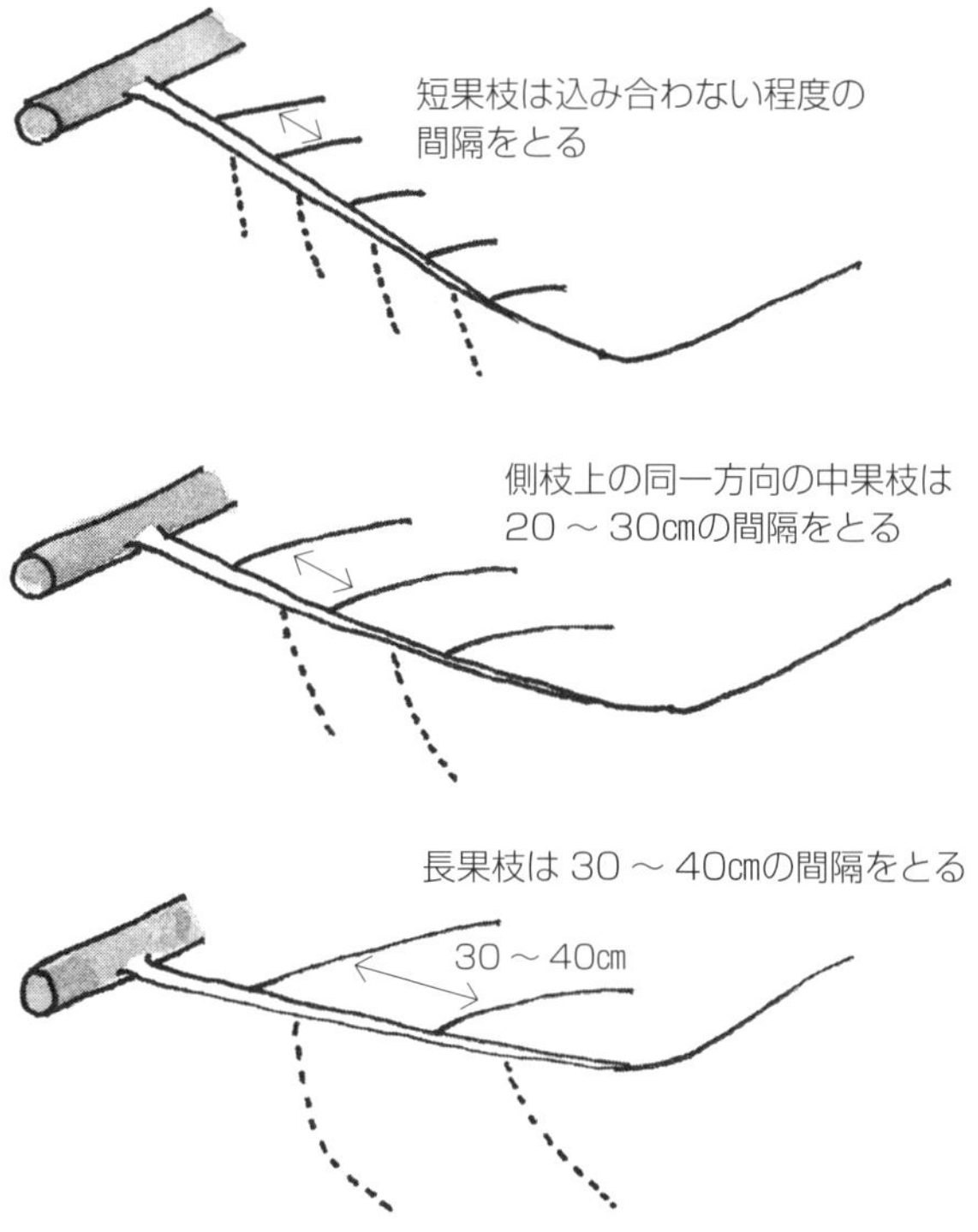

短果枝は込み合わない程度の間隔をとる

側枝上の同一方向の中果枝は20～30㎝の間隔をとる

長果枝は30～40㎝の間隔をとる

30～40㎝

図3-9　側枝上の同一方向に発生した結果枝の間隔

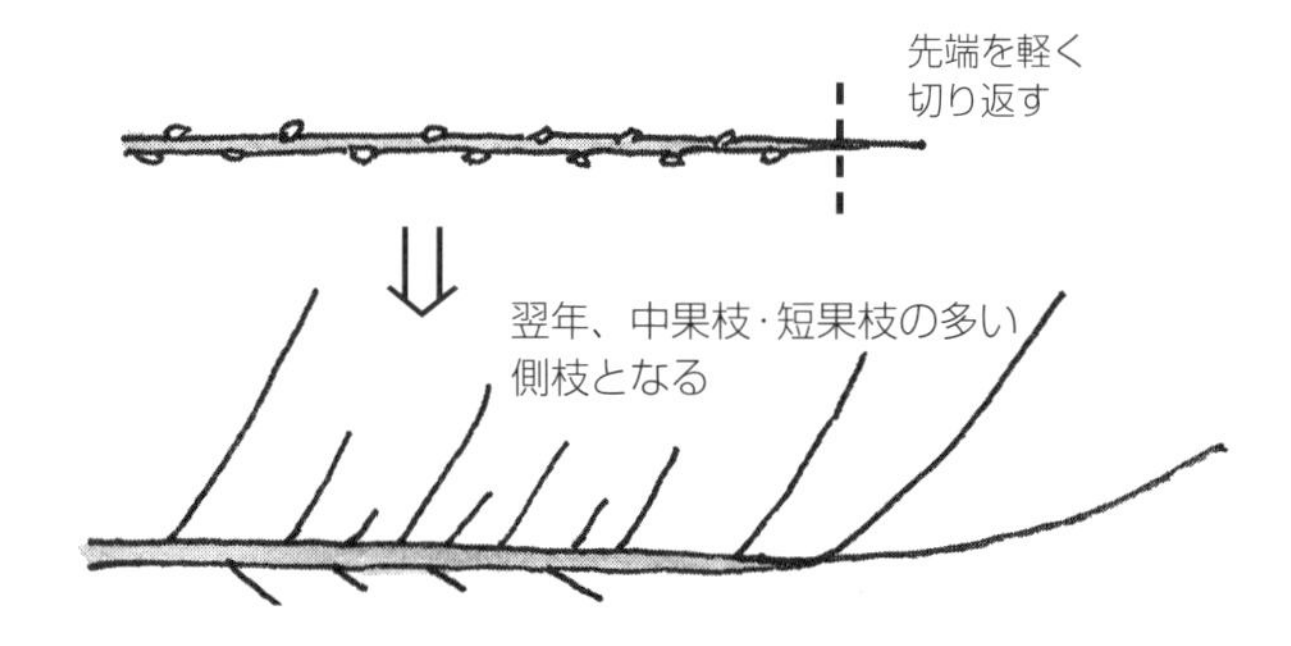

図3-10　側枝延長枝（長果枝）のせん定

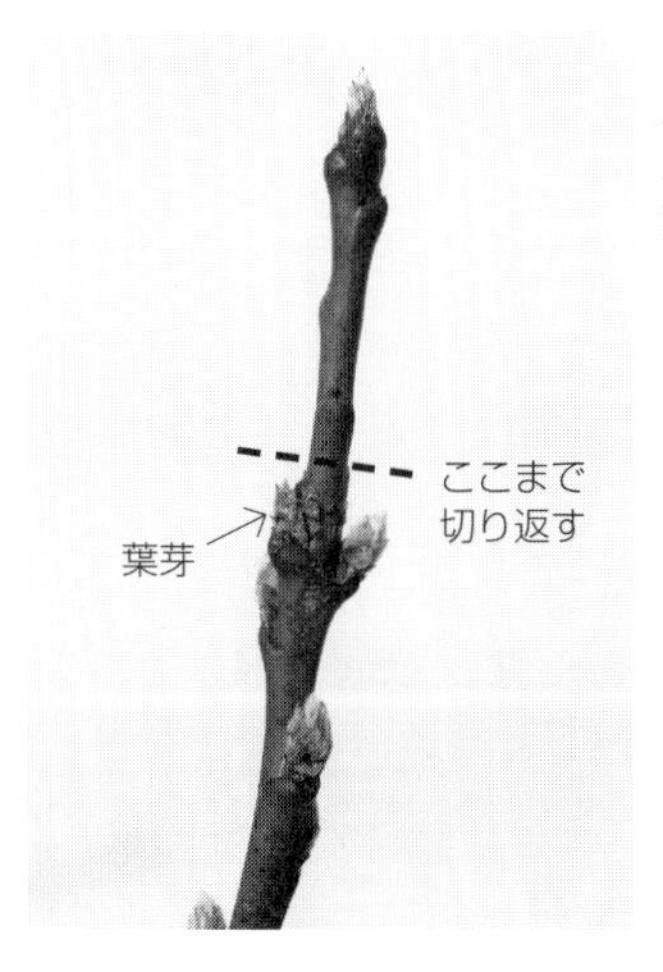

図3-11
二次伸長した枝の切り返し
二次伸長すると芽飛びするので葉芽のある位置まで切り返す

図3-12　太枝のよくない切り口（ほぞ切り）
切り口の癒合を促すには枝基部にある少しシワのある位置で切る。基部を少し残して切ると切り口が癒合せず、枯れ込みの原因となり、日焼けを助長する

枝の大きさは、前述のとおり最大でも2mを限度とし、1.5mを目安に維持する。

すでに長大化してしまった側枝は、早期に矯正する。しかし、休眠期に側枝を強く切り返したり間引いたりすると、切り取った部分から徒長枝が発生する。そこで休眠期にせん定することが予想される側枝は前もって秋季（9月上中旬）にせん定しておくとよい。秋季せん定なら貯蔵養分を蓄える前なので、大きな枝を切る反発が小さく抑えられる。とくに長大化した側枝は先端部を切り返し、込み合う場合は冬季せん定で間引いて処理する。

3 日焼けを防ぐ枝を配置する

●局所的な高温障害

モモの樹は木質部が軟らかく、樹皮が荒れるようなダメージを受けると樹勢低下に結びつきやすく、日焼け発生の引き金となりやすい。このため、樹の肌を健全に保つことは安定した生産を継続するうえで重要となる。

日焼けは、強い日射しが樹幹に直接あたることで局部的に温度が異常に上昇して発生する高温障害である。夏季には樹幹の表面温度が50℃以上になるが、根から吸い上げられた水分が樹皮の維管束を通って葉から蒸散する。水分が維管束を流れることによって樹幹の表面温度を下げる。日焼けを起こすと、維管束を流れる水分量が不足して表面温度はさらに上昇し、ダメージが大きくなる。

●日焼け防止の結果枝を配置

日焼けは、太枝を切ったときや樹勢が衰弱したとき、地下水位が高く根が弱っている場合に起こしやすい。また植え付けから10～15年経過すると発生しやすくなる。日焼けが発生した枝を数年放任すると、下の日陰となる側の表皮がわずかに生きている程度となり（図3-13）、大部分は枯死する。新梢はほとんど伸長せず、良果を得ることはできない。

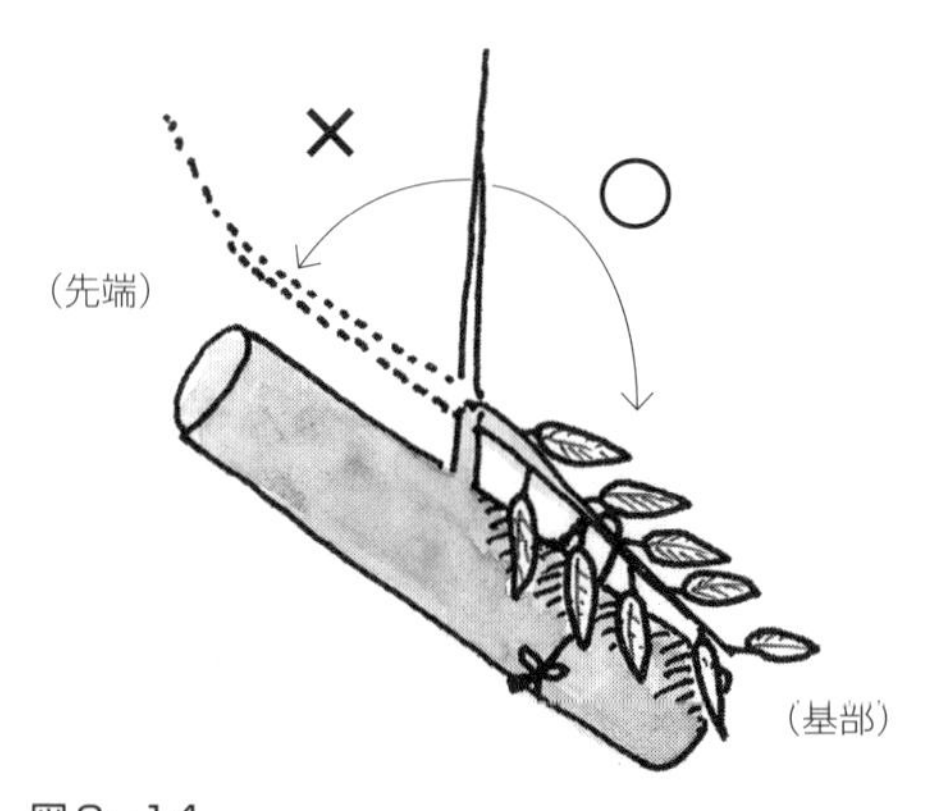

図3-14
主枝や亜主枝上に配置する日焼け防止の枝
捻枝をすれば徒長枝の勢力を弱め、日焼け防止の対策として活用できる。捻枝していない枝を活用する場合、基部方向に返してゆるめに誘引する。先端方向に誘引すると勢力が抑えられず強く太い枝になる。日焼け防止の枝は、できるだけコンパクトに維持し、数年で更新する

図3-13 老木の主枝根元の断面
切断後、樹液流動の活動が確認できるのは、枝の下側の日焼けを起こさない部分だけである（破線内）

温暖化によって夏は40℃近い高温になることも珍しくない。強い日射しによって蒸散量が増えるなど、日焼けを起こしやすい条件に変化してきている。日焼けを防止する対策として、主枝・亜主枝などの骨格枝に直光があたらないように弱く細い結果枝を配置する。日陰をつくる適当な枝がない場合は、中・長果枝を上から下に返すかたちで主枝・亜主枝に誘引する（図3-14）。この枝も数年放置すると大きくなり、付近が暗くなってはげ上がりの原因となるので、適宜更新する必要がある。

なお、せん定はあくまで冬季せん定を基本とするが、放任しておくと徒長枝となる新梢は夏季管理もしくは秋季せん定（第8章参照）で処理する。

灌水、休眠期防除

1 開花前、根からの吸水は不可欠

根の活動は開花前、具体的には2月から始まる。この活動には根からの養水分の供給が不可欠である。開花前に乾燥すると養分の吸収や樹液の流動が抑制され、初期の生育に悪影響を及ぼす。このため、開花前に降雨がなく、土壌の乾燥状態が続く場合は、1回あたり20～30㎜程度の灌水を10日間隔で定期的に行なう。

2 縮葉病、カイガラムシはしっかり叩いておく

休眠期には、おもに縮葉病やカイガラムシ類を対象にした越冬病害虫の防除を行なう。

縮葉病の防除は天候の安定した時期に行ない、枝先まで丁寧に散布する。とくにスピード・スプレヤーは、樹の先端部分に掛けむらが発生しやすいので補助散布を行なう。また、散布後に降雨が多い場合は薬剤の効果が落ちるので、追加散布をする。

カイガラムシ類はブラシで擦り落とすとともに、寄生の多い枝は整枝・せん定の際に取り除く。休眠期の機械油乳剤散布は、高い防除効果が得られる。2月上旬までに50倍液を散布する。

ウメシロカイガラムシが多い場合は30～40倍を用いてもよい。薬害を生じやすいので、使用にあたっては散布中も十分に撹拌し、二度がけをしないように注意する。隣接園にブドウなど薬害が発生する作物がある場合は飛散しないよう十分注意する。

せん孔細菌病の発生園では花弁が見え始める頃までに４１２式ボルドー液、またはＩＣボルドー４１２の30倍液を散布する。開花直前の３月には、アブラムシ類、ハマキムシ類、モモハモグリガなどの害虫の発生が始まる。

落花期には花腐れを防ぐため果実腐敗病の防除剤としてストロビードライフロアブル２０００倍を散布する（巻末表参照）。

実際編

第4章

3〜4月 開花・結実期の作業

（摘蕾・摘花、人工受粉、灌水）

2月以降になると、モモの芽に外観的な変化はないが、十分な低温にあたって内生的には徐々に活性が高まっている。気温の上昇とともに萌芽の準備が着々と進んでいる。そして4月にはいよいよ開花を迎える。しっかり人工受粉を行ない、結実確保に努める。

開花から受粉、果実肥大、新梢伸長には多くの養水分が必要。圃場を乾燥させない定期的な灌水管理もこの時期、大事になる。

摘蕾・摘花で労力分散 ―省力の早期着果調節法

1 摘蕾から始まる着果調節

開花や結実、展葉は、その多くを前年の貯蔵養分によってまかなわれている。摘蕾・摘果は、蕾や花、幼果の数を調節することで養分競合を減らし、新梢の初期生育や新根の伸長、果実肥大を良好にするのが狙いである。果実数の調節が不十分だと、小玉の果実が多くなり、樹勢の低下を招く。

ただ、この蕾や幼果を減らす着果調節の作業には多くの労力が必要なので、段階的に行なって作業を分散させる。作業に追われて、摘果のみで急激な着果調節を行なうと核割れの発生を助長する。摘果が強くなりすぎないよう、その前に摘蕾・摘花による調節を確実に行なうことが大事である。

2 3月中旬が摘蕾適期

摘蕾の作業は、2月中旬〜3月下旬までに行なえば効果に差はなく、いつでもよいが、蕾が小さすぎると摘蕾で落としにくく、作業効率が劣る。やや膨らみかけて、丸く赤みを帯びてきた頃（3月中旬）が適期となる。開花直前になって蕾が膨らんでくると、ふたたび摘蕾の作業はしにくくなり、葉芽を欠く恐れもある。貯蔵養分の浪費防止の観点からすると、早いほど効果は高いので、余裕があればより早い時期から実施するほうがよい。とくに開花から収穫までが短く、その必要な養分をほとんど貯蔵養分でまかなっている早生種ほどその効果は高いと考えられる。

3 摘蕾・摘花の調節程度

●樹勢やせん定の強弱、花粉の有無で加減

摘蕾の程度は樹勢によって調節する。樹が成木から老木に移行すると短果枝の割合が増えてくるが、このような樹ではやや強めに摘蕾して着果量を減らし、樹勢の回復を図る。逆に切り返しなど強めのせん定を行なったときや、徒長枝が多い樹勢の強い樹では摘蕾の程度を弱くする。

また、花粉の有無によってもその程度を調節する必要がある。花粉のない「浅間白桃」などは摘蕾を行なわないか、上向きの花を中心にごく弱く摘蕾するにとどめ、受精が確認できる幼果の段階になってから摘果で着果量調節をする。

●蕾の残し方

結果枝の長さ（種類）によって残す蕾の数と位置は変わってくる。長果枝（30cm以上）は枝の中央付近に4～6個残す。中果枝（20～30cm）の場合は枝の中央部に2～3個残す。短果枝（10cm前後）は、枝の先端に1～2個残す。摘蕾時は花芽のみを落とし、葉芽を落とさないように注意する（図4-1）。

残す蕾は、凍霜害の影響や袋掛けの作業を考慮して、横向きか下向きのものとする。

また、1本の樹の樹冠上部と下部とで出る着色や糖度、果実重などの品質のばらつきを、なるべく小さく抑えて均一化するのに必要なのが、摘蕾・摘果での各部位の着果量調節だが、その目安として、樹冠中間付近の着果量を100とした場合、玉張りの悪い下部は90程度と少なめに、逆に玉張りのよい樹冠上部

長果枝
（30cm以上）
結果枝の中央に
4～6個の蕾を
残す

中果枝
（20～30cm）
中央部付近に
2～3個の蕾を
残す

●：残す花芽
○：取る花芽

短果枝
（10cm前後）
先端部付近に1～
2個の蕾を残す

中果枝・長果枝の予備摘花は、まず枝の上部を中指、人差し指の
内側で枝の先端から基部に向かって擦るように落とす

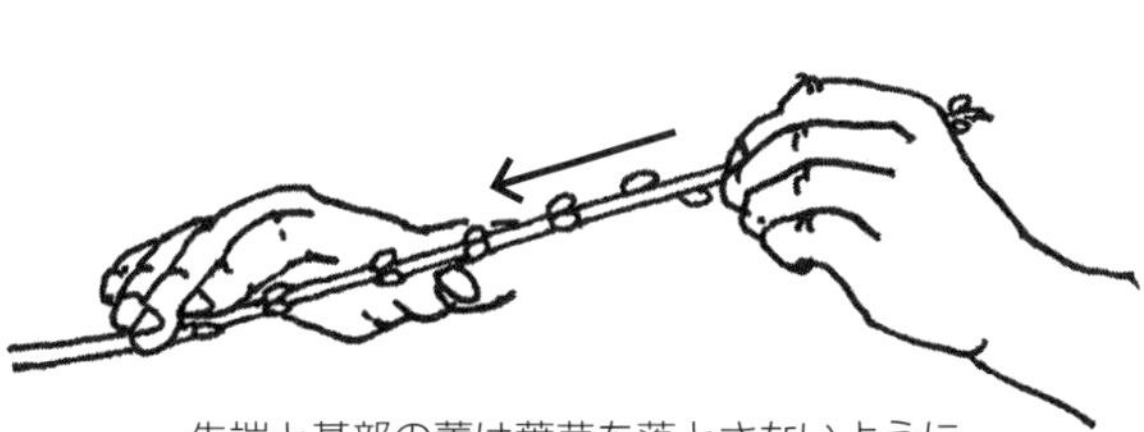

先端と基部の蕾は葉芽を落とさないように
注意してすべて取り除く

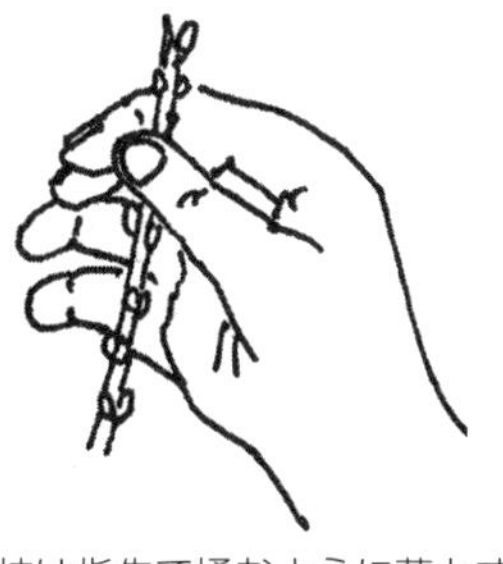

短果枝は指先で揉むように落とす

図4-1　摘蕾の方法

図4-3　慣行の着果調節の程度

110%
100%
90%

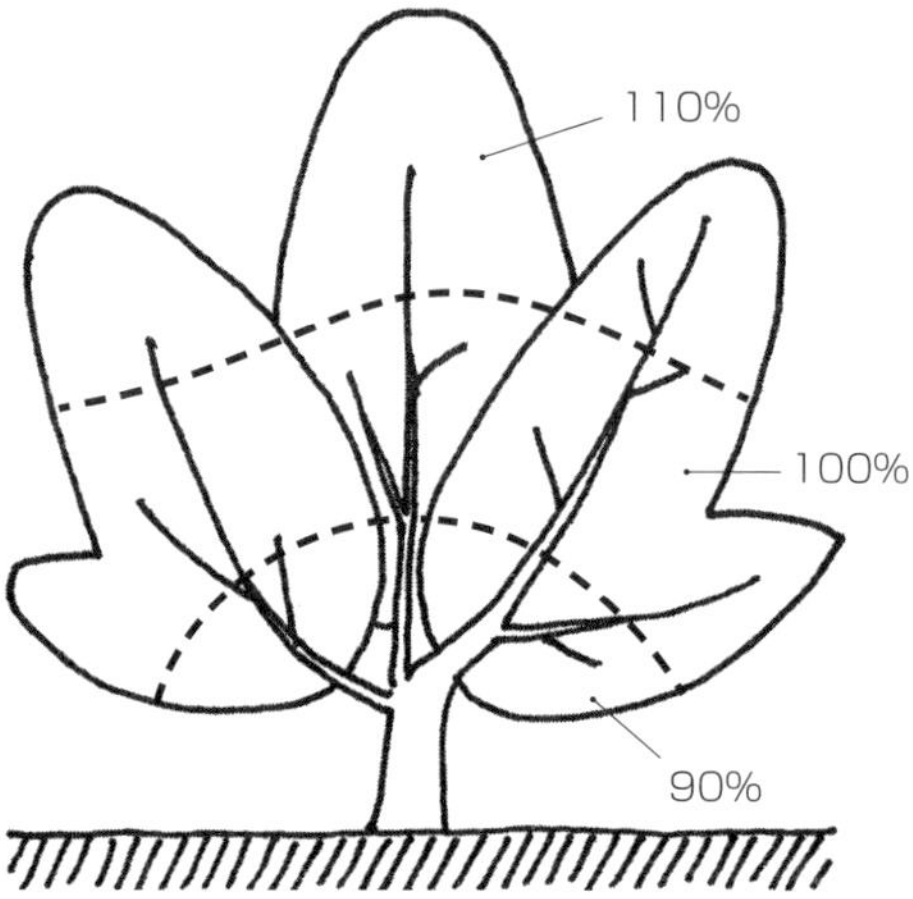

図4-2　結実部位による着果量の調節
樹冠中間部の着果量を100%とした場合、玉張りの劣る下部は少なめに90%、上部は110%と多めに果実を着ける。部位によって着果量を調節して玉揃いをよくする

図4-4　大玉生産を目的とした早期着果調節
摘蕾・摘花までは強い調節を行なっても核割れへの影響はほとんどなく、大玉生産ができる

は110程度と多めに残す（図4-2）。着果量の調節は枝単位で判断する。

4 早生種で大玉果実を狙う

モモの管理作業の約30%は、摘蕾、摘花、摘果などの着果調節が占める。しかもこれらは適期になされなければ果実品質（果実肥大や核割れ果の発生など）を著しく低下させる。その効果を有効に引き出すには、成木では着果調節を早めに行なうことである。

●最終着果の2～3倍量にいきなり着果調節

慣行の摘蕾・摘花の作業では、利用しない上向きの蕾や花を中心にまず落とす（図4-3）。しかし、より積極的な早期着果調節では、最終的に収穫まで残す果実を中心に、蕾や花をその2～3倍量に調節する（図4-4）。

こうした方法による果実品質への影響を見るため、玉張りと核割れの発生が問題となる早生種の「ちよひめ」「暁星」「日川白鳳」と中生種の「白鳳」で調べたところ、いずれの品種も糖度や酸度、着色への影響はなく、核割れ果や変形果発生についても処理による影響はほとんどなかった（表4-1）。一方で、果実重が20gほど向上した。

●花弁の赤い色が見え始めたら摘蕾できる

摘蕾・摘花の作業は、生育（開花）ステージによって作業効率が異なる。開花直前の風船状に膨らんだ蕾や、開花したあとでは作業効率が劣るので、花弁の赤い色が少し見え始めた蕾（図4-5）から風船状になるまでに行なうと、効率よく作業できる。

表4-1　早期着果調節が早生種の果実品質に及ぼす影響（2009～2011）

品　種	着果調節	果実重(g)	硬度(kg)	糖度(Brix)	酸度(pH)	着色(指数)	核割れ果(%)
ちよひめ	早期	192.9	2.3	11.8	4.6	4.8	14.2 (1.5)
	慣行	176.4	2.3	11.8	4.6	4.8	14.5 (0.7)
暁　星	早期	261.8	2.2	13.6	4.5	4.6	11.3 (0.0)
	慣行	243.9	2.2	13.5	4.6	4.6	11.1 (0.0)
日川白鳳	早期	307.7	2.1	11.6	4.4	4.4	76.5 (2.8)
	慣行	282.6	2.1	11.7	4.3	4.5	76.6 (3.6)
白　鳳	早期	388.2	1.9	13.0	4.7	4.3	12.9 (0.2)
	慣行	368.1	1.8	13.0	4.7	4.3	10.7 (0.0)

果実品質は2009～2011、核割れ率は2010～2011年の平均で示した
着色は1（劣る）～5（優れる）の5段階で評価した
核割れ率の（　）の数値は、果梗の付け根付近に穴が開いた商品性のない核割れ果の発生率を示す

図4-5　摘蕾作業が効率よくできる蕾の生育ステージ
花弁の赤い色が少し見え始めた蕾から風船状になるまでに行なう

この早期着果調節は、果実肥大を促進するのに有効であるが、その後の予備摘果から仕上げ摘果までの着果調節の作業は適期に実施することが重要である。

5 がく割れまでは急な着果調節も可

モモは花芽の着生が非常に多い。果実の生産に利用される花芽は、せん定後に残された花芽の5％程度である。初期の新梢伸

図4-6　がく割れ前（左）とがく割れ後（右）
花弁が落ちてもがく割れ前は、着果調節の程度が核割れの発生に影響しないが、がく割れして幼果が肥大してくると核割れの発生に影響する

長を促し、その後の果実肥大を良好にするとともに、摘果作業の労力を軽減するには、短期間に摘蕾・摘花を進めることが大事である。

しかし栽培面積が多くなると適期に作業するのは難しい。そこで比較的余裕のある開花前に作業を進められれば、摘果労力の軽減につながる。結実後の強摘果は核割れへの影響が大きいが、この核割れを減らすにも摘蕾・摘花が重要になる。幼果が肥大してくると核割れへの影響が現われ始めるが、落花後、がく割れ（図4-6）するまでは着果調節がやや急激であっても影響は少ない。がく割れまでに摘花できれば効果は大きい。

人工受粉

1 白桃系品種には必須

モモは自身がもつ花粉で受精（自家受粉）するので、花粉がある品種は人工受粉する必要がない。しかし、花粉がないか少ない品種には、ほかの品種の花粉を受粉する必要がある。また、花粉のある品種でも、開花期に低温や降雨が多いなど天候不順が予想される場合は、人工受粉を行なうことで、より確実な結実が期待できる。

主要品種の中で花粉があるのは、「ちよひめ」「日川白鳳」「みさか白鳳」「白鳳」「あかつき」「ゆうぞら」「幸茜」「さくら」など。花粉がないか、少ない品種は、「浅間白桃」「一宮白桃」「川中島白桃」「白桃」などである（表4-2）。

表4-2　モモの主要品種における花粉の有無

人工受粉が必要な品種（花粉がないか少ない品種）	受粉樹として用いる品種（花粉が多い品種）	
浅間白桃	ちよひめ、	あかつき
一宮白桃	日川白鳳、	紅清水
白桃	八幡白鳳、	清水白桃
川中島白桃	みさか白鳳、	ゆうぞら
紅錦香	白鳳、	ネクタリン

一般に用いられている人工受粉の方法には2通りある。

一つは、花粉のある受粉樹が開花したら、葯の上に花粉があるうちに毛バタキをこすりつけ、付着した花粉を、他の花粉が必要な樹の花に受粉する方法である。これはそれぞれの樹の開花期がずれたり、天候がよくないと受粉適期を逃がしてしまったり、作業効率もよくないため、作業面積が少ない場合に適する。

もう一つは、花粉のある品種（受粉樹）から花を採取し、さらに花から葯を分離・開葯して花粉を調整する。その花粉を、毛バタキや動力散布機で受粉する方法である。花粉を準備するまでに手間がかかるが、比較的長期にわたって受粉でき、作業効率もよい。ここでは後者の方法を紹介する。

2 花粉の調整方法

●花蕾の採取は傘を使うと便利

花粉を集める花は、樹勢のよい健全な樹から採取する。効率よく花粉を採取するには、採取適期（風船状に膨らんだ蕾～開花直前の開葯していない花）の花蕾を摘み取る（図4－7）。花粉があればどの品種でもよく、採取できる花粉量に大きな差はない。成園10aの人工受粉に必要な花の量は、花蕾の重さで約3kgである。ただし若い未熟な蕾から採取した葯は、花粉の量が少なく発芽力も低いので、注意したい。

モモの開花時期は管理作業がいくつも重なり忙しい。効率的に作業するには、図4-8のように古い傘を花取りに利用するとよい。傘の柄を枝に掛けてつるし、その中に花蕾を落として集める。採取した花蕾は採葯まで、通気性のよい収穫用コンテナなどに薄く広げて、開葯が進まないように涼しい場所で保管する。

図4-7　花の各部位の名称と採取適期の花

●水分を十分切って採葯
（葯の分離）

採取した花蕾は、採葯機を利用して、葯とそれ以外の花弁、がくなどを分離する（図4-9）。花蕾が濡れている場合は、新聞紙の上に薄く広げて、何度か新聞紙上で撹拌して水分を吸わせて乾かす。とくに雨で濡れている場合は、新聞紙を数回替えて水分を十分に取り除く。

採葯機は、処理能力により大・中・小に分かれる。農協などの共同作業に用いられる大型機は処理

図4-8　古い傘を利用した花取り
両手を自由に使うことで効率よく採取できる

図4-9　採葯機を使った葯の分離
大型の採葯機を使えば、短時間で採葯作業を終えることができる（写真は中型タイプ）

能力が200kg／時、その普及版で一般農家向けの中型は100kg／時、コンパクトな普及版は25kg／時となっている。なお、小型の採葯機の場合、一度に入れる量は一つかみ程度の少量ずつとし、5秒ほどの短時間で行なう。それ以上やると、がくや花弁などから水分が出て葯が湿り、開葯に影響する。

●開葯

採葯後2～3㎜目のフルイにかけ、花糸などのゴミを取り除いて開葯する。

開葯には、開葯器を使用する場合と自然開葯とがある。開葯器を使用する場合、20～23℃に設定し、一昼夜程度かけてゆっくり開葯すると高い発芽率が得られる。25℃以上の高温に設定すると発芽率が低下するので注意する。自然開葯する場合は、20℃前後の温度が確保できる暖かく、直射日光のあたらない場所に置き、1～2日静置して開葯させる。

●花粉の保管・貯蔵

開葯した花粉を室温でそのまま放置すると、徐々に発芽率が低下する。速やかに受粉に使用するか、受粉まで冷蔵する。密封容器に入れて4℃程度で冷蔵すると、1週間以上は良好な発芽率を維持できる。翌年まで貯蔵する場合は封筒に10g程度に小分けし、シリカゲルなどの乾燥剤とともに密閉容器に入れてマイナス20℃以下の低温で貯蔵する。封筒には、花粉の種類、花粉の重さ、貯蔵した日付などを記入しておく。

●貯蔵花粉の順化方法

貯蔵した花粉は、そのままの状態では発芽率が低いため、受粉前に順化作業を行なう。半日程度室内に置いて自然に吸湿させる方法もあるが、多湿条件において短時間で吸湿させると安定して発芽率を高められる。具体的には、クーラーボックスや発泡スチロールの容器に花粉と濡らしたタオルを入れ、室温で2時間程度置いておく。

●増量剤で希釈して花粉をムダなく使用

60％以上の発芽率があれば問題ない。粗花粉（葯殻が混じっている状態）は石松子で容積比の3～5倍に希釈する。石松子（せきしょうし、と読む。ヒカゲノカズラの胞子）は花粉の増量剤としてだけでなく、花弁に付着した色で受粉作業の確認ができる。増量剤には、石松子のほかシリカゲル粉末（商品名「風はのか」キーゼル・エフ㈱）や馬鈴薯デンプン（片栗粉）なども使用される。

3 省力の受粉方法

白桃系など花粉のない品種を多く栽培する場合は、毛バタキでは間に合わず動力散

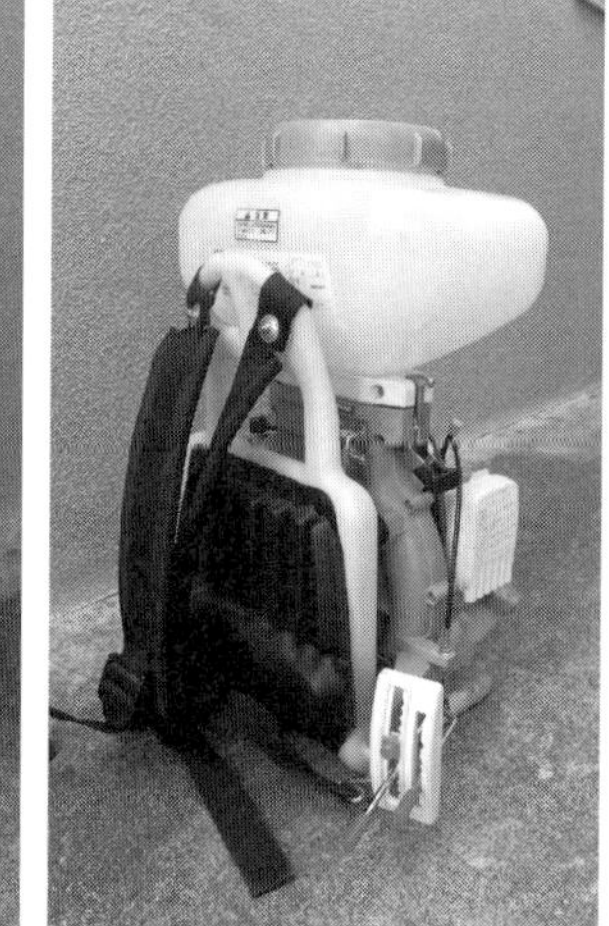

図4-10 汎用動力散布機

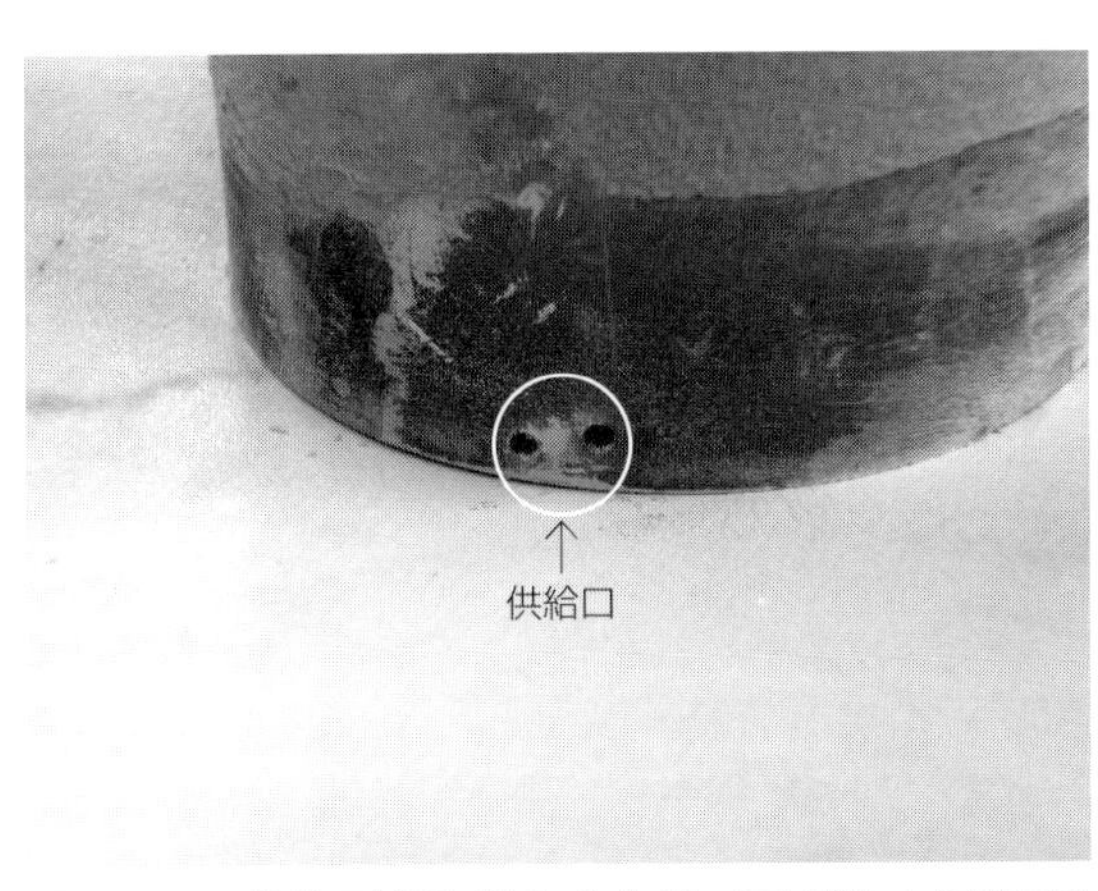

図4-11　供給口付近（左）やカバーに付着した石松子や花粉の堆積
長時間使用すると供給口（矢印の部分）に付着するので、使用前には確認する

布機を使って省力的に受粉する。散布機には、花粉を石松子で希釈する専用機と、デンプンで希釈する汎用散布機がある（図4-10）。

●専用人工受粉機を使う場合

少ない花粉を効率よく散布できるのが専用機の特徴である（初田工業㈱製「果樹受粉機JH-1」、価格は9万円程度）。成園10ａあたり石松子2本（160ｇ）に70ｇの粗花粉（葯殻付き）を入れて希釈する。石松子の量を増やせば、散布時間が長くすることができ、丁寧に受粉できる。また、花粉量が多いほど実止まりは良好になる。

10ａあたりの散布時間は20～30分が目安であるが、受粉作業に慣れていない場合は、吐出量を少なくして散布時間を長くするとよい。

専用機は花粉の供給口が図4-11に示すように非常に小さい（矢印で示した二つの穴）ので、目詰まりを起こすこともある。葯殻だけで目詰まりを起こすことはまれだが、採葯の際に硬い蕾のりん片が入ると目詰まりを起こしやすい。採葯機で葯を集めたのちにフルイにかけて丁寧に取り除いておく。また、長く使用していると、石松子や花粉が堆積するので、目詰まりを起こさないよう定期的に清掃を行なう。

専用機は吐出量が少量で、正常に出ているか目視で確認するのは難しい。逆光を利用すれば確認できるので、受粉作業中、ときどき光を受けながら確認する。

●汎用散布機を使う場合

肥料や除草剤、粉剤などの散布作業に用いる汎用散布機を使って受粉することもできる。おもな製品には「DMF330」（㈱やまびこ）や「MDJ3001-9」（㈱丸山製作所）などがあり、価格は約8万円前後である。

成園10ａを受粉するには、増量剤のデンプン2kgに粗花粉200ｇ（葯殻付き）を入れて希釈し、使用する。汎用散布機は構造上、吐出量が多いので、目詰まりすることは少ない。デンプンと花粉をタンクに入れる前によく混ぜておくことが、結実率を上げるポイントとなる。エンジンスロットルの横にある吐出量の調整レバーを「3」

以上にならない設定とし、「1」ないし「2」の少量に抑え、園全体に均等に散布するようにする。

汎用機の場合、使用する花粉量も多いが、丁寧に受粉できるのが特徴である。途中、燃料の給油時間などを含めても1時間20分ほどで10aの受粉ができる。

●毛バタキを使う場合

手作業による人工受粉には毛バタキを使用するが、従来の鳥の羽根を使ったものからダチョウの羽根を使ったものに、材質が急速に切り替わっている。ダチョウの羽根は細く軟らかい。全体的に綿状でふわふわしているので、羽根への花粉の付着状態がとてもよい。とくに交互受粉では、花粉が羽根によく付着するので結実もよく、普及が広がっている。

4 凍霜害にあったら人工受粉で対応

低気圧が日本列島を通過した後、冬型の気圧配置になると大陸から寒気（北西風）が流れ込んでくる。

その後、移動性の高気圧に覆われると風がやみ、放射冷却で低温・降霜の危険が高まる。凍霜害の常襲地帯では、燃焼資材を事前に準備し、降霜が予想される場合は燃焼による予防に努める。

モモの開花は、スモモやオウトウより遅く、山梨県では4月上旬となる。モモは比較的低温に強いことから、山梨県では燃焼法による対策はとられていない。圃場周辺の宅地化が進んで、燃焼資材が使用できない場合は、次の点に注意して被害を防ぐ。

摘蕾・摘花は軽めとし、凍霜害の危険がなくなった後の摘果で対応する。圃場が乾燥すると、凍霜害の被害を受けやすくなる。降雨が少ない場合は十分な灌水を行なう。また、もし被害を受けた場合は、人工受粉を徹底する事後対策が重要となる。

凍霜害の被害は、冷気が溜まる低い位置の、上向きの花で大きい。そこで下向きの花を中心に、遅れて咲く花にも丁寧に受粉する。できるだけ多くの花粉を使用し、回数を増やして行なう。

また、満開期を過ぎて花弁が落ち始めても柱頭が褐変していなければ受粉の効果は期待できる。

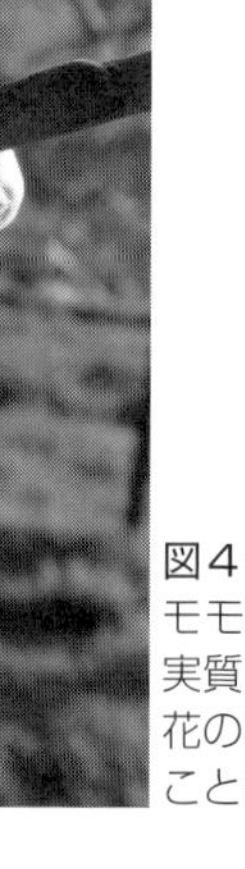

図4-12　凍霜害による被害
モモの花は比較的低温に強く、実質的な被害は軽微で上向きの花のみ花弁が縮れる程度であることが多い

実際編

第5章

5月 幼果期の作業

(摘果、袋掛けほか)

5月は摘果や袋掛け、薬剤防除などの作業が中心となる。摘蕾や摘花による収量調節を済ませているが幼果が肥大してくると、まだ相当着果していることがわかる。さらに次の段階の収量調節として摘果を行なう。果実の肥大・新梢の伸長とも旺盛な時期であり、乾燥が続くときは定期的に灌水を行なう。

またモモの生育は樹齢や肥培管理などで大きく異なり、年間を通した観察によってその状態の把握に務め(表5-1)、適宜新梢管理を行なうことが品質の高いモモづくりにつながる。

良品生産のための摘果のポイント

初期生育をほとんど前年からの貯蔵養分でまかなうモモにとって、結果調節の影響は大きく、摘蕾・摘花同様、幼果の段階で落とす摘果も重要な作業である。なかでも、貯蔵養分に対する依存度がと

表5-1 樹相診断のポイント

生育ステージ	観察する器官			診断のポイント
	新梢	葉	花・果実・その他	
開花期	・発芽の早晩 ・発芽の揃い		・花の大きさ ・開花と落花の揃い ・開花期の長短	・花芽は大きいほうがよい ・開花が揃い、開花期間は短いほうがよい
新梢伸長期 果実肥大期	・結果枝別の新梢発生本数 ・新梢の勢力 ・徒長枝の多少 ・副梢の発生 ・新梢の太さ、節間の長さ	・葉の大きさ、厚さ、光沢 ・葉色 ・早期落葉の有無	・生理落果の多少 ・果実肥大 ・園内の明るさ	・新梢の初期生育がよく、揃っているほうがよい
収穫期	・二次伸長の多少 ・新梢の停止時期 ・新梢長と揃い	・葉色	・核割れや変形果の発生 ・着色の良否 ・果実の大きさ、硬度 ・果実の品質 ・収穫期の早晩	・収穫期に新梢の80%が停止している ・中果枝から発生する新梢のうち、翌年に2〜3本が中果枝ないし長果枝になり、残りが短果枝になる程度が、中庸な生育の目安となる
落葉期	・結果枝の割合 ・枝の充実(太さ、節間の長さ) ・枝の登熟(色)	・一斉に落葉	・主幹や主枝の太り ・樹皮の色、光沢	・充実のよい枝は太く、節間が短い ・一斉に落葉する ・秋伸び(二次伸長)していない

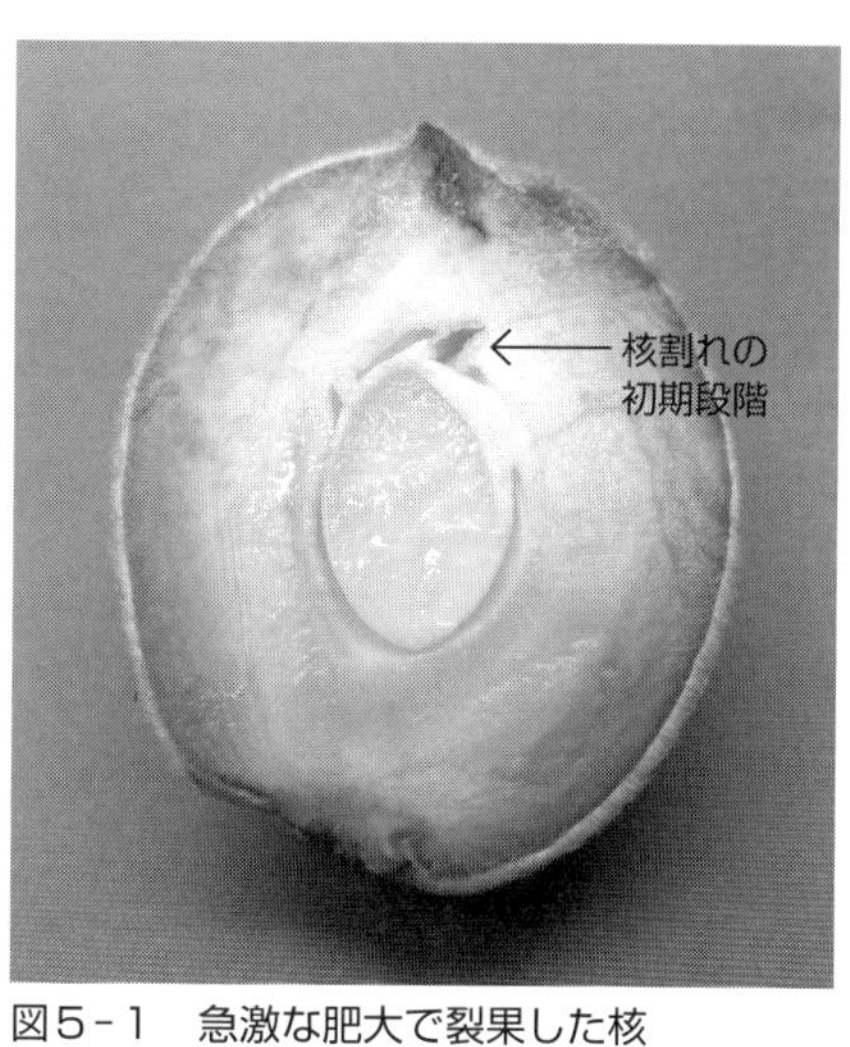

図5-1　急激な肥大で裂果した核

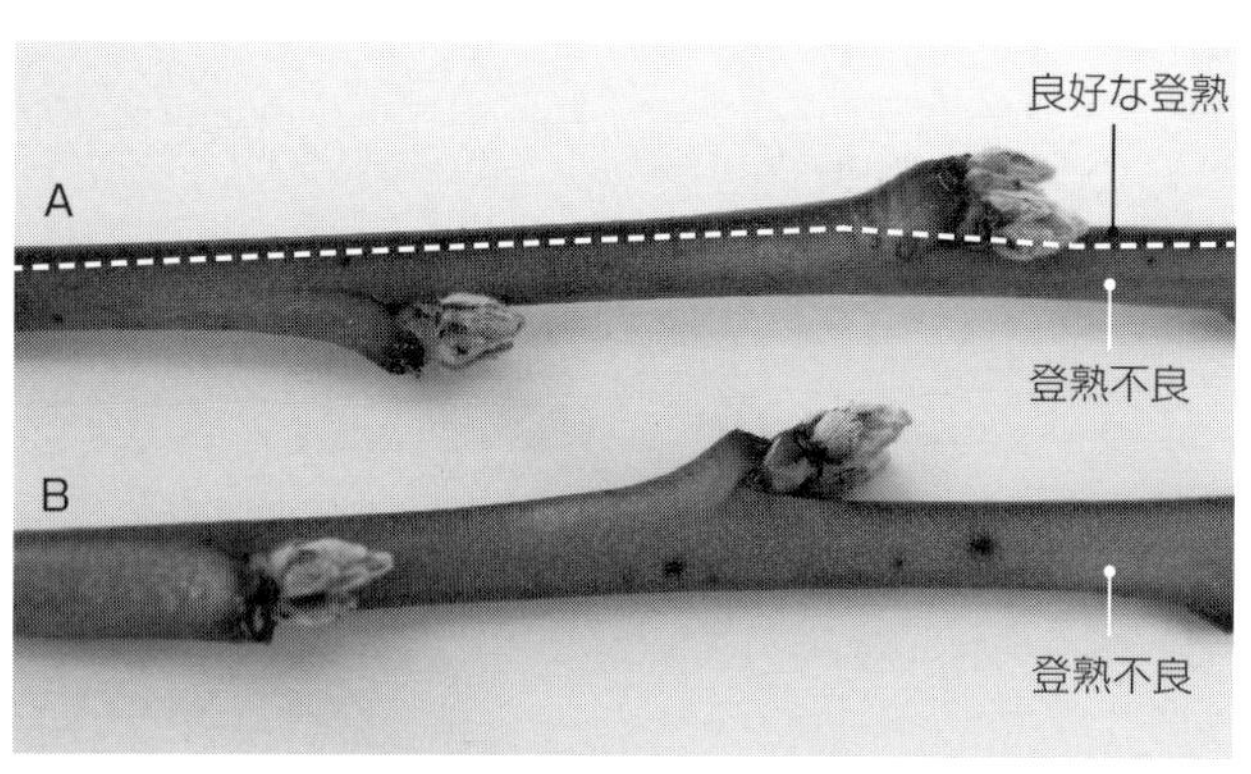

図5-2　登熟不良の結果枝
登熟が悪いと落葉しても緑色が濃く残る
A：上側は、低温にあたって登熟が進んでいるが、下側は登熟が悪く、落葉しても緑色が濃く残る
B：登熟不良の枝

りわけ高い早生種・極早生種でその影響は大きい。

着果過多になると1果あたりに配分される養分量が少なくなり、大玉果実の生産を期待することは難しい。また、樹勢衰弱や養分競合を引き起こし、生理落果を招く恐れもある。

一方、予備摘果をせず一度に仕上げ摘果をするような調節を行なうと、幼果が急激に肥大して核割れ（図5-1）になったり、変形果の発生が多くなる。

摘果作業の良否は果実品質に大きく影響するので、新梢や幼果をよく観察して、樹勢に応じた強度（強さ）の摘果を徐々に行なうことが大切となる。

1 着果量は結果枝の種類・充実度などで判断

結果枝は、長さによって長果枝（30cm以上）、中果枝（10〜30cm）、短果枝（10cm未満）に分かれる。

よく充実した結果枝は、前年の収穫前に新梢の伸びが停止しており、基部から先端まで太く、花芽が大きい。落葉後の枝の色は赤褐色となる。対して、充実の悪い結果枝は、全体的に細く花芽が小さい。登熟不良だと落葉しても枝の下側半分に青みが残る（図5-2）。

こうした結果枝のそれぞれの状況に応じて、着果数を変える。

ふつう、果実1個の生産（生育）をまかなうには予備摘果時の葉数で15〜20枚必要となる。そこで、標準的には30cm以上の長果枝の場合、2果着ける。着果位置は、枝の中央〜やや基部寄りとする。ただし、結果枝が上方向に発生していたり、同じ長果枝分類でも強めの枝の場合は、それよりやや先端寄りに着果させて伸びを調節する。さらに枝が長ければ着果数を増やす。

中果枝は、枝の中央付近に1果着ける。

短果枝では、短果枝5本に対して1果着ける（図5-3）。

このように調節すると、収穫時には果実1果を50〜60枚程度の葉でまかなうことになる。

2 着果量だけでなく着果位置も変える

果実の肥大は、着果位置や方向、また結果枝の長さ、発生位置や角度、さらに結果枝あるいは側枝の経過年数などによって異なる。品種によってもその傾向は異なる。ただ、一般的には、樹冠の下側や内側に着果した果実は、周囲の葉の受光条件が悪いため発育が悪い。それぞれの結果枝に見合った量を着果させ、かつその着果位置を調節して、果実全体の品質が揃うように管理することが重要である。

結果枝の別でいえば、仕上げ摘果後、長果枝には2果、中果枝には1果、短果枝は5本に1果着けるのが目安だが、その結果枝が側枝からどの方向に出ているのかも考慮する。

例えば、側枝の真横から水平に出ている結果枝で2果着けられる樹勢がある場合、同程度の結果枝で上向きに出ていたら1.5倍の3果着けるし、逆に下向きに出て伸びの悪い弱い結果枝なら1果に減らす、という具合にである。

また着果調節は数だけでなく、前にも述べたようにその位置でも行なう。例えば、2果は十分着けられるが3果は無理、しかし2果では負荷が少ない（樹勢がまだ強い）という場合、果実を先端寄りに着果させることで枝は下垂し、勢いを弱くすることができる。逆に、新梢の勢力を維持したい場合は基部寄りに着果させればよい（図5-4）。

長果枝（30㎝以上）

先端と基部の果実は落とし、長果枝の中央部を中心に１～2果を着ける

中果枝（10～30㎝）

短果枝（10㎝未満）

図5-3　結果枝別の着果数と着果位置

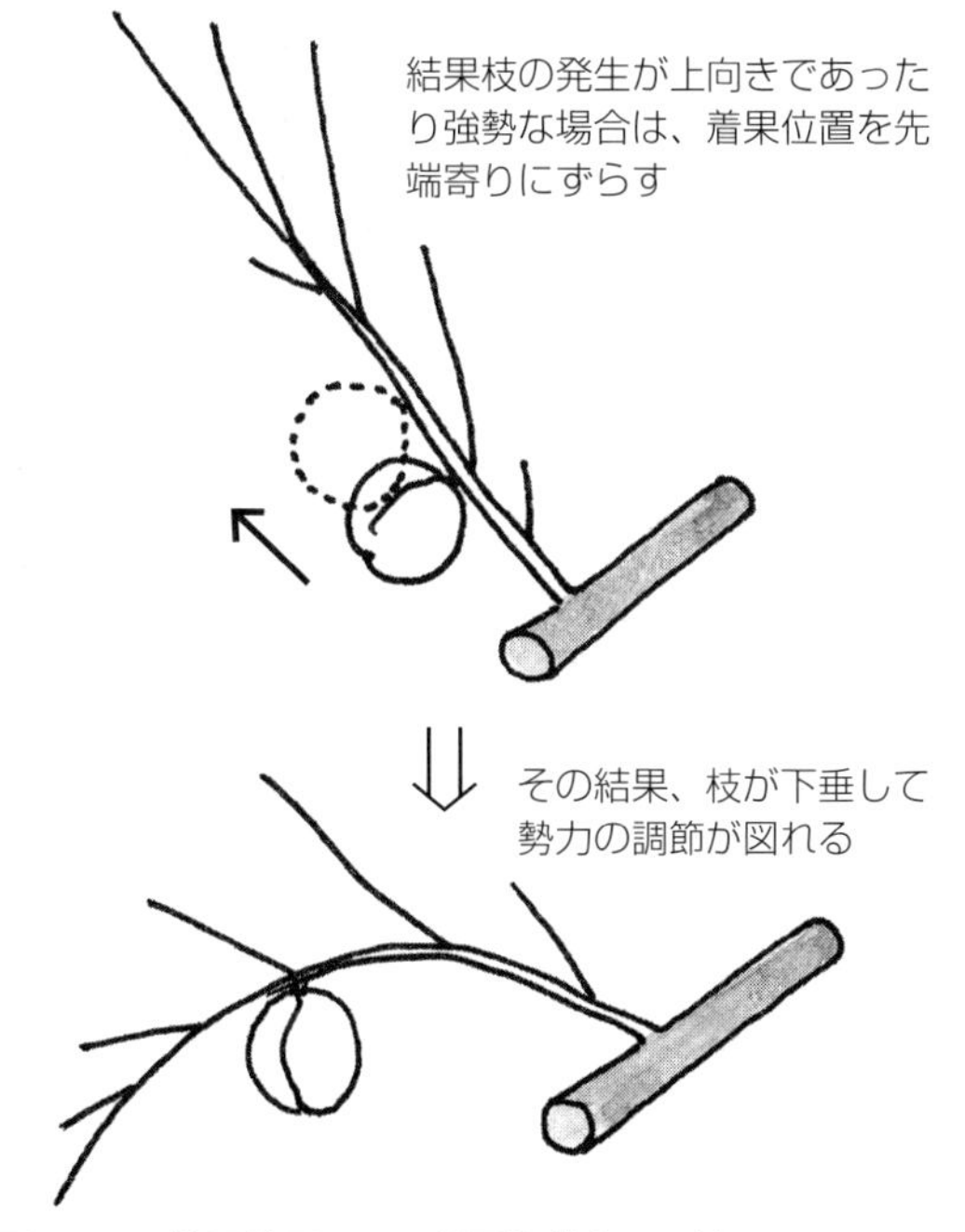

図5-4　着果位置による結果枝勢力の調節

3 幹周からはじきだす 着果量の目安

1樹全体の着果量はどう判断したらよいだろうか。

1樹あたりの着果量は品種や樹勢などで異なるが、樹の幹周からおおむねの着果量を決めることができる。開心自然形樹でいえば、幹周20cmの樹で1樹あたり100果、40cmでは400果、70cmなら1000個の果実が目安となる（この基準には品種差がない）。

幹周は、地面から30cmの位置で測定する。また、若木（4～5年生）の場合は、20～25%程度着果量を少なくする。実際には前年の実績や生育状況なども考慮して着果量を決めるとよい。この場合、樹ごと、あるいは主枝ごとに着けた果実の数を記録して残しておくと役立つ。

着果量の記録は、経営の改善や管理方法の見直しや確認をするうえで重要なデータとなる。

摘果は一時期に集中させない

1 予備摘果のやり方

●最終着果量の1.5～2倍程度に

満開後20日を過ぎると（4月下旬）、受精した幼果と不受精の幼果との区別が判断できるようになる。そこで、満開後3週間前後から予備摘果を開始する。事前に摘蕾・摘花の処理を十分行なっている場合は、予備摘果の作業は省略してもよい。逆に花粉があり、よく結実する品種（「白鳳」や「あかつき」など）で摘蕾・摘花をしていない場合は、予備摘果を早めに行なう。

予備摘果の調節は、目標とする最終着果量の1.5～2倍程度を目安とする。結果枝の種類別では、長果枝は5～6果、中果枝は3～4果、短果枝は1果の割合で果実を残す。

●下向き・横向きの葉芽のある受精果を残す

受精した果実は子房が肥大してくると、がくが果梗から離れてがく割れ（57ページ図4-6）を示す。不受精果はがく片がそのまま残り、肥大してこないので、受精果と不受精果の区別は、幼果の大きさとがく割れの有無から判断できる（図5-5）。予備摘果では果実の大きさを揃えるとともに、がく割れした後の花カス落としを行なう。

摘果の方法としては、葉芽がある位置の受精果（図5-6）を優先的に残す。また、直射光による微裂果（図5-7）を防ぎ、袋掛けが効率的に行なえるよう、下向きの果実を優先的に残す。下向きの果実がなけ

図5-5　幼果が肥大し始め、受精果と不受精果がはっきり区別できる状態

図5-7　果点のつながりによって発生した微裂果

図5-6　結果枝の芽飛びと着果位置
葉芽がある位置（A）の受精果を優先的に残す
葉芽がない（B）と、直射光による微裂果が発生する

れば横向きの果実を残して利用する（図5-5）。

2 仕上げ摘果のやり方

●満開後40～50日から開始

仕上げ摘果は満開後40～50日頃（5月下旬～6月上旬）から始める。予備摘果は果実の位置や方向に配慮して行なうが、仕上げ摘果は図4-2（56ページ）に示すように樹冠部位別や側枝ごと（とくに早生種）の着果量配分を考慮する。

●花粉があり、生理落花の少ない品種から

品種別の順序では、花粉があり結実が良好で、核割れ（変形果）、生理落果の少ない品種（「白鳳」「あかつき」など）から始め、次に小玉になりやすい早生品種の摘果を行なう。ただし、「日川白鳳」など核割れ（変形果）の多い品種は、仕上げ摘果の時期をやや遅らせる。早く済ませると、その後肥大が急激に進み、核割れが多くなる。

核割れの多い品種は、硬核期間を十分にとるため、仕上げ摘果の時期を遅らせる。最後に、「浅間白桃」「川中島白桃」「一宮白桃」など不受精果の判断がつきにくい、花粉のない品種を摘果する。

●成葉25枚に対し1果程度

この時期は成葉25枚に対し1果程度残すが、それがこれまでくり返したように、長果枝で2果、中果枝で1果、短果枝は5本で1果、という目安になる。この調節ののち、新梢はさらに伸びて収穫時に1果あたりの葉枚数が50～60枚となって、大玉・高品質な果実を生産できる。

●双胚果を優先的に摘果し、花カス落としも忘れない

また、仕上げ摘果の時期は正常果と双胚果を区別することが可能なので、双胚果を優先的に摘果する。双胚果とは核の中に胚が二つある果実で、生理落果しやすい。果実横断面を見ると、正常果は左右の比が6：4ほどの片寄りがあるのに対して、双胚果は5：5で円形のずんぐりした形状を示している（図5-8）。

なお、摘果の際、残す幼果の花カスはきれいに落とす。そのままにすると降雨が多

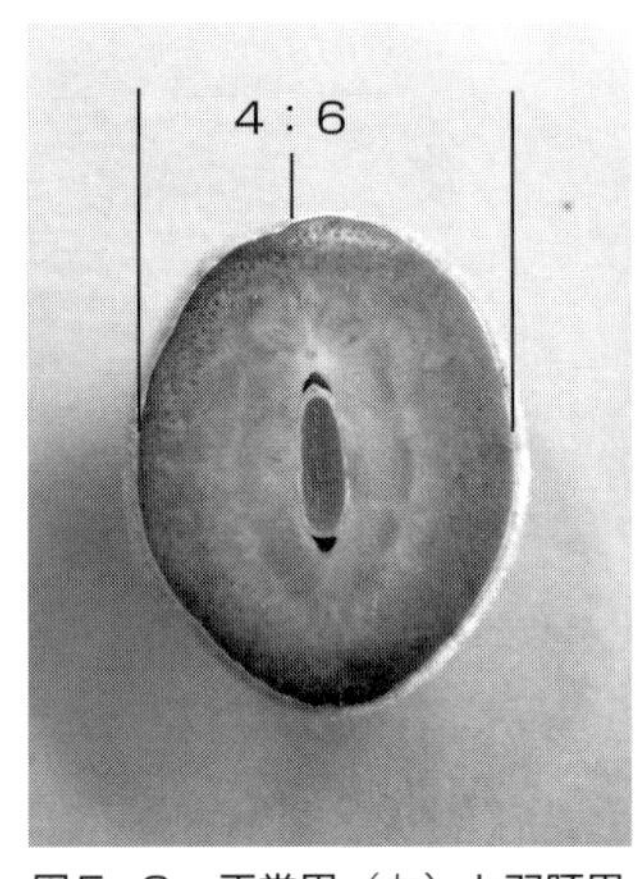

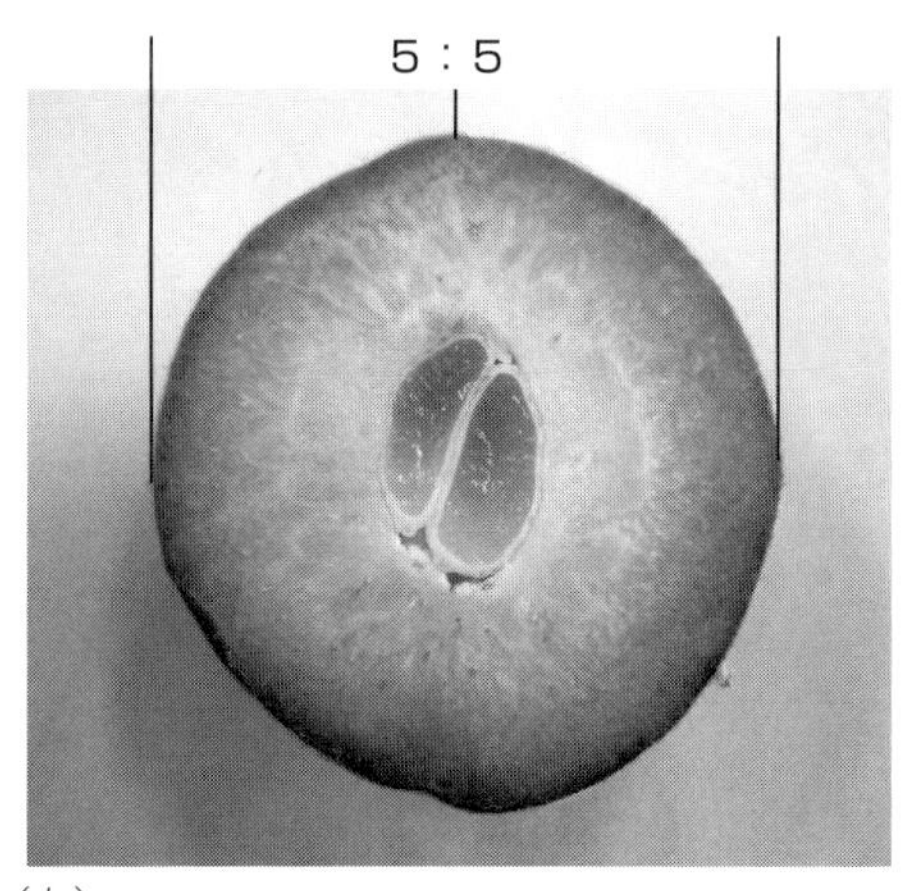

図5-8　正常果（左）と双胚果（右）
正常果は縫合線に対して果肉の割合が4：6で、やや扁平である
一方、双胚果は果肉の割合が5：5で、ずんぐりしている

い場合花カスが湿気をもち、灰星病（花腐れ）の感染の原因となる。

●新梢伸長が活発な場合は着果量で調節を

この仕上げ摘果時（満開後50日頃）に、副梢の発生が多いなど新梢伸長が活発な場合は、摘果による結果調節の程度を軽くし、着果量を増やして生長量を抑制する。6月に入って新梢伸長が弱まり、停止率が70％ほどに達した時点で最終の摘果を行なう。

またこの時期を中心に、とくに樹勢が強く新梢伸長が活発な場合、強勢な新梢に対し捻枝や摘心を実施する（図5-9）。新梢の木質部が硬くなる前に行ないたい。また、採光条件を悪化させる恐れのある徒長枝はせん除しておく。それでもなおコントロールしきれなかったり、収穫以降にも旺盛に伸びた新梢は、9月上旬に秋季せん定で切って調節する。ただし、過度の処理は樹勢低下につながるので注意する。

❸ 見直し摘果

満開後60日頃（6月中旬）から見直し摘果を始める。見直し摘果では、これまでの摘果で見落とした果実、発育不良果、変形果、病害虫被害を優先的に摘果する。無袋栽培では、これが最終的な着果調節となるので、見落とす果実がないように注意する。樹勢と果実の肥大を観察し、新梢の生育が

図5-9　捻枝のやり方
捻枝する枝は雑巾を絞る要領で、中の繊維が断裂する音がするまで捻る（右）

劣る場合（徒長枝の発生がほとんどなく、有袋栽培では葉数に対して袋の数が、無袋では果実の数が目立つと感じられるほど新梢の伸びが劣るような状態）、結果枝の果実を間引いて、主枝、亜主枝の単位で見て着果量を減らす。

4 樹勢に応じた摘果

これまで述べてきた予備、仕上げ、見直しの各摘果の目安を樹勢別に整理し直してみると、次のようになる。

●樹勢が中庸な場合

予備摘果後の着果量は、最終着果量の50％増しとし、仕上げ摘果は、最終着果量の5～10％増しとする。見直し摘果では、発育不良果、変形果、病害虫被害果を除去する。

●樹勢が強い場合

徒長枝や副梢の発生が多く、硬核期の生理落果や核割れの発生が多くなる。このような樹は、摘果の時期を遅らせ、弱めの摘果とする。予備摘果では最終着果量の2倍程度残し、仕上げ摘果後の着果量は最終着果量の20％増しとする。見直し摘果では発育不良果、変形果、病害虫被害果を除去し、樹勢が中庸な場合より10％程度着果量を多くする。

●樹勢が弱い場合

樹勢が弱いと、新梢伸長が悪く短果枝が多くなり、葉色は黄緑色で小さくなる。また、硬核期の生理落果が多くなり、果実肥大も悪くなる。摘果を早めに行ない、新梢伸長を促進させる必要がある。予備摘果は、最終着果量の20％増しとし、仕上げ摘果は最終着果量の5％増しとする。見直し摘果で、発育不良果、変形果、病害虫被害果を除去し、樹勢が中庸な場合より20％程度着果量を少なくする。

5 核割れ果を防ぐには

摘果の作業が遅れると小玉果となり、糖度など果実品質が低下する。逆に摘果が早過ぎたり、一時期に集中してしまうと大玉にはなるが、生理落果や変形果、核割れ果の発生を助長する。摘果を3回ほどに分けて実施するのはそのためである。

核に亀裂が入ったり砕けたりする核割れ（図5-1参照）は、満開50～60日前後の硬核期（果実の核が硬くなる時期）に発生する。硬核期が短い早生種にとくに多い傾向がある。核割れは、果実が急激に肥大する際、核がその肥大についていけないことによって起こる。核割れした果実は変形果になりやすく、概して糖度は低い。「浅間白桃」などの白桃系品種は生理落果しやす

図5-10　核割れによって生理落果した果実

いので、生産が不安定となる（図5-10）。核割れを完全に防ぐことは困難であるが、次の点に注意することで発生を軽減できる。なお、見直し摘果の作業までに果形の良否によって核割れと判断できた果実は、優先的に取り除く。

●十分な結実を確保

結実量が少ないと果実が急激に肥大するため、核の肥大が果肉の肥大についていけずに割れてしまう。とくに花粉のない白桃系の品種は人工受粉を徹底し、十分な結実を得るよう努める。

●摘果を一時期に集中させない

摘果作業が一時期に集中すると、残った果実に養水分が集中して供給されるため、急激に肥大して核割れを助長する。そこでこれまで述べてきたとおり摘果を一時期に集中させず、次のように行なう。

花粉のある品種は労力が分散するよう、あらかじめ摘蕾・摘花を行なう。その後、下枝を中心に軽めの予備摘果を行なう。仕上げ摘果は一度に行なわず、硬核期が終わる6月中旬までに最終的に仕上がるよう、2～3回に分けて実施する。

樹の上部や上向きの長果枝など核割れの発生が多い部位は仕上げ摘果をやや遅らせるとともに、着果量を10～20％ほど増やして、急激な肥大を抑えるようにする。また、土壌水分が急激に変化しないよう定期的に灌水する。

果実袋を上手に使いこなす

モモは、袋を掛けないで栽培できる品種と、袋を掛けないと裂果してしまう品種に分けられる。袋掛けは、モモつくりでも一番手間がかかり、この作業がなければ非常に手間が省けるのだが、外観が重視されるなかで、着色向上を目的に無袋栽培できる品種にも袋を掛けることが多い。

一方で、袋掛けと仕上げ摘果を同時に行なうことで、目標に応じた収量調節をしつつ、その着果量を袋の枚数によって的確に知ることができる。樹や主枝ごとに袋掛け枚数をあらかじめ決めておくことで、着果過多を防止できる。

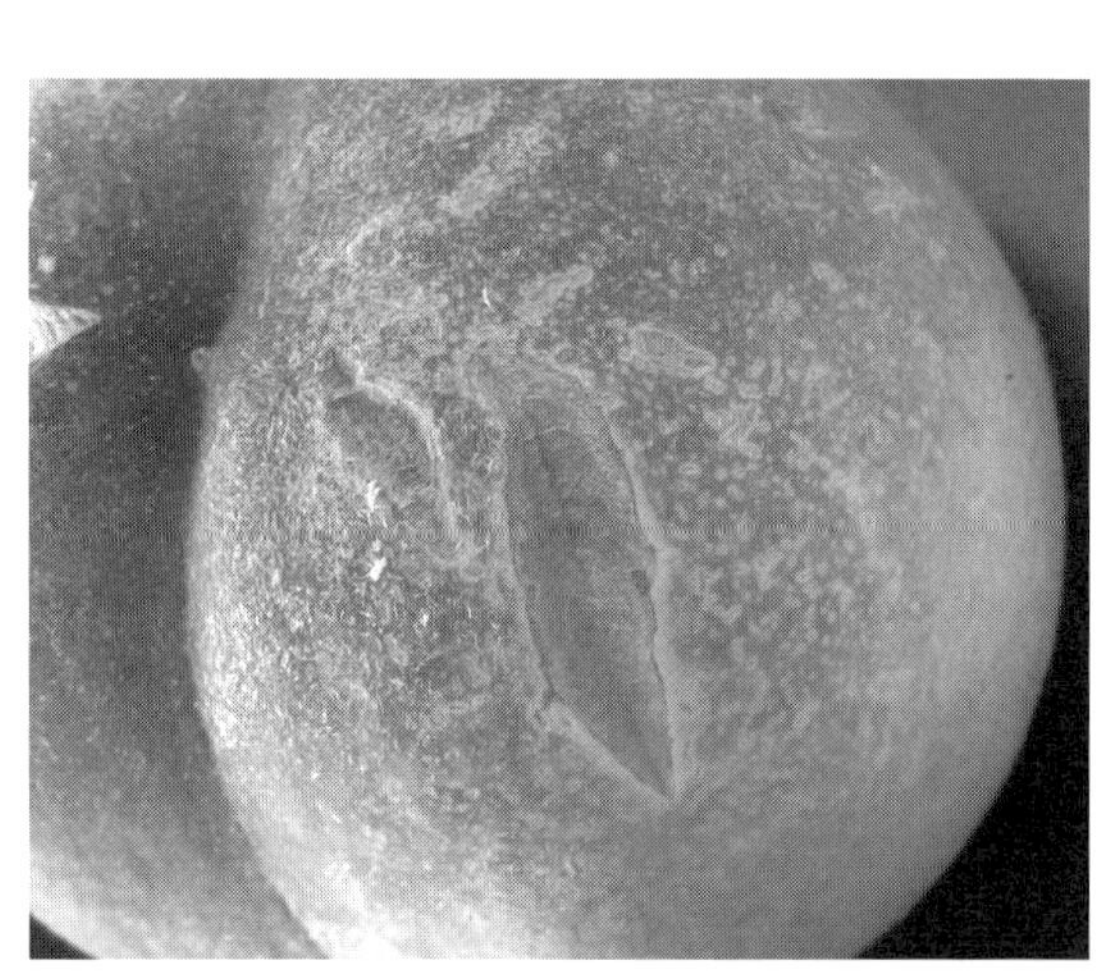

図5-11　果点（左）と裂果（右）の発生
袋掛けすれば、果点の発生による肌荒れや裂果の発生を防ぐことができる

❶ 遅れても早くてもダメ

果実袋は、強い日射しで果点や微裂果が発生し果皮が荒れる（図5-11）のを防ぎ、外観をきれいに仕上げる。遮光機能のある袋は地色の抜けを促進し、除袋とともに果皮色を鮮紅色に仕上げる。しかし、手間がかかり袋掛けが遅れると、果面の肌荒れや裂果が多くなり、外観の仕上がりが悪くなる。また、袋も掛けにくくなる。適期に掛けられるよう、計画しておくことが大事となる。

袋掛けは満開後40～50日頃から始めるが、あまり早いと袋内での落果を助長する。とくに生理落果しやすい「浅間白桃」などの白桃系品種は、果実がゴルフボール大になる満開後50～60日頃から始めるのが無難である。ただし、果実が大きくなるにしたがい、袋は掛けづらくなる。

❷ 袋の種類と選び方

〈着色増進袋〉 現在、おもに使用されている袋は、その特性や形状などから4種類に分類される。このうち、着色増進袋に分類される「KMP[*1]」や「白ふじレッド[*2]」などは遮光率が高く、袋掛けによって地色の抜けはもっとも進み、着色が鮮明に仕上がる。これらは着色しにくい品種に用いる。除袋適期が比較的短く、除袋が遅れると十分着色しないので注意する。

〈電話帳袋〉 電話帳袋は、着色増進袋より遮光率が低く、着色が容易なものから中程度の品種まで幅広く用いられている。内側が着色してある「SK-2[*1]」や「A&A[*2]」と内側の着色がない「電話帳袋[*1]」、「A&A（内白）[*2]」などがある。着色増進袋や二重袋に比べて単価は安い。

〈二重袋〉 二重袋は外袋が着色増進袋、内袋が撥水袋またはワックス袋からなる。除袋は外袋のみを切り離すだけなので、片手だけで簡単に作業することができ作業時間を大幅に短縮することができる。二重袋に分類される製品には「ぱりっと撥水」「Yピーチ22号[*1]」や「P2P[*2]」、「アイラブ二重袋」（星野）などがある（図5-12）。

図5-12　二重袋による袋掛け
外袋の遮光（左）によって地色が抜けてきれいに着色する。外袋は引っ張れば簡単に除袋できる。除袋後は内袋が残り（右）、果実を保護する

〈ワックス袋〉 ワックス袋は半透明のワックス処理された袋で、光をよく通す素材なので袋内で着色し、除袋作業を省略することができる。おもにネクタリンに用いる。モモでも「白鳳」以降の着色のよい品種に使用されることがある。底が糊づけされ、果実を完全に包み込む有底タイプと、底の中央が一カ所だけ糊づけされ、果実の肥大とともに底が開くタイプの2種類がある。袋を掛ける際に葉を一緒に包み込むと着色の妨げとなり、果面障害の原因にもなるので注意する。

近年、栽培が増えている黄肉種には、遮光が強くモモが赤く着色しない黄肉専用の「KBちくま*1」「きらめき*1」「シロクマくん」（星野）などが開発されている。

*1：小林製袋産業㈱、*2：柴田屋加工紙㈱

3 雨の多い年に本領発揮の二重袋

除袋すると果実がさらされる一重袋に対して、二重袋は、笠紙のように果実を覆う中袋が残る。雨が降っても果実が濡れず、一重袋に比べて腐敗果の発生を低く抑える効果がある。中袋の長さによって腐敗果の発生程度は異なるが、長いものほど発生は低く抑えられる。しかし、中袋が長くなれば、着色は逆に抑えられる傾向にある。

二重袋に限らず、果実袋には対象とする品種の果実の大きさによって適したサイズがある。早生種では標準サイズを用い、「浅間白桃」以降の品種にはヤガの被害もあるので大きめのサイズを使用する。腐敗果の発生を抑えるには、中袋が果実の赤道面よりやや長めであることが必要である。

腐敗果の発生防止と着色促進を総合的に考えれば、果実の半分が露出する長さがよい。

また、袋掛けによって糖度は一度前後低下する。二重袋は一重袋に比べ、除袋から収穫までの着色期間が短いと高糖度なモモの生産は難しくなる。二重袋を使用する場合は、収穫の2週間前を目安に除袋する。二重袋をかけた果実は、無袋の果実より熟期が2～3日早まる。熟度に注意する。

4 除袋の作業効率が優れる二重袋だが……

前述のとおり二重袋は、一重袋の着色増進袋、電話帳袋などに比べて単価は高いが、着色の促進や外観がきれいに仕上がること、また除袋作業が簡便であることなど商品性の高いモモを生産するのに効果的である。そのため急激に使用が増えて普及した。

二重袋のおもな用途は果実の肌荒れが問題になる品種の果面保護、または着色しにくい品種の着色向上である。具体的にいうなら、「加納岩白桃」「西野白桃」「浅間白桃」その他の中晩生種である。ところが現場では、本来なら二重袋を使わなくてもよい早生種や着色の優れる品種にまで二重袋が使用されている。除袋が一重袋に比べ4～5倍効率的なためもあるが、二重袋の使用は糖度低下の問題も指摘されている。袋の特徴をよく理解して的確に用いることが必要である。

なお、二重袋は上向きの果実に使用する

郵便はがき

おそれいります
が切手をはって
お出し下さい

3350022

(受取人)
埼玉県戸田市上戸田
2丁目2-2

農文協
読者カード係 行

◎ このカードは当会の今後の刊行計画及び、新刊等の案内に役だたせていただきたいと思います。　はじめての方は○印を（　）

ご住所	（〒　－　） TEL： FAX：
お名前	男・女　歳
E-mail：	
ご職業	公務員・会社員・自営業・自由業・主婦・農漁業・教職員（大学・短大・高校・中学・小学・他）研究生・学生・団体職員・その他（　）
お勤め先・学校名	日頃ご覧の新聞・雑誌名

※この葉書にお書きいただいた個人情報は、新刊案内や見本誌送付、ご注文品の配送、確認等の連絡のために使用し、その目的以外での利用はいたしません。

- ご感想をインターネット等で紹介させていただく場合がございます。ご了承下さい。
- 送料無料・農文協以外の書籍も注文できる会員制通販書店「田舎の本屋さん」入会募集中！
  案内進呈します。　希望□

■毎月抽選で10名様に見本誌を1冊進呈■（ご希望の雑誌名ひとつに○を）

①現代農業　②季刊 地 域　③うかたま

お客様コード □□□□□□□□□□

お買上げの本

■ご購入いただいた書店（　　　　　　　　　　書 店）

●本書についてご感想など

●今後の出版物についてのご希望など

この本をお求めの動機	広告を見て（紙・誌名）	書店で見て	書評を見て（紙・誌名）	インターネットを見て	知人・先生のすすめで	図書館で見て

◇ 新規注文書 ◇　　郵送ご希望の場合、送料をご負担いただきます。

購入希望の図書がありましたら、下記へご記入下さい。お支払いはCVS・郵便振替でお願いします。

（書名）	（定価）¥	（部数）　部
（書名）	（定価）¥	（部数）　部

と、内袋の中に水が溜まる。果実が溜まった水に浸かると果皮が障害を起こす（水焼けする）ので、下向き果または横向き果に用いることを基本とする。

新梢管理、灌水、防除

1 新梢管理の狙いと実際

高品質多収を実現するには、適正な樹勢への誘導が必要で、そのためにモモでも整枝・せん定が重要な作業に位置づけられる。しかし、せん定だけでは適正な樹勢に調節しきれない。それを補うのが生育期の新梢管理である。例えば、若木や強せん定した樹などで見られる徒長枝は樹冠内を暗くし、品質の低下を招き、病害虫の発生原因にもつながる。しかし、この改善を休眠期のせん定で対応すると強い反発を招くなど、うまくいかないことが多い。そうした場合に、生育期の新梢管理がポイントとなる。

広義には秋季せん定も含めることがあるが、ここではこの時期から8月にかけてのそれを紹介する。

●4〜5月

太枝の切り口の周囲や、湾曲部の陽光面などから徒長枝が発生しやすい。徒長枝になる新梢も摘果の時点ではまだ短く、それほどの勢いはないが、結果枝から発生した新梢に比べると、その差は容易に判別できるので、芽かきや摘心により生育を抑制する。

●6〜8月

摘心や捻枝、誘引を順次行なうが、込み合って暗くなってきている場合は間引く。基部から除いて日焼けを起こす恐れのある場合は、5〜15㎝程度残して切る。

なお、新梢管理といえば、これまでは徒長枝となるような枝を抜いたり、捻枝したりして、樹冠内部を暗くするマイナス要因を取り除くことに主眼がおかれてきた。しかし、生産効率を考えた場合、徒長枝をただ間引くだけではもったいない。実は、放任しておくと徒長枝になる枝も6月に摘心を加えることで勢力を落ち着かせ、花芽の着生を促して、結果枝を養成することができる。

ただ、基部を長く残しすぎると、切ったことが刺激となってかえって強く伸びる結果となる。6月の時点で短く切ることがポイントで、目安としては10㎝程度（葉の枚数で6〜7枚）である（図5-13）。

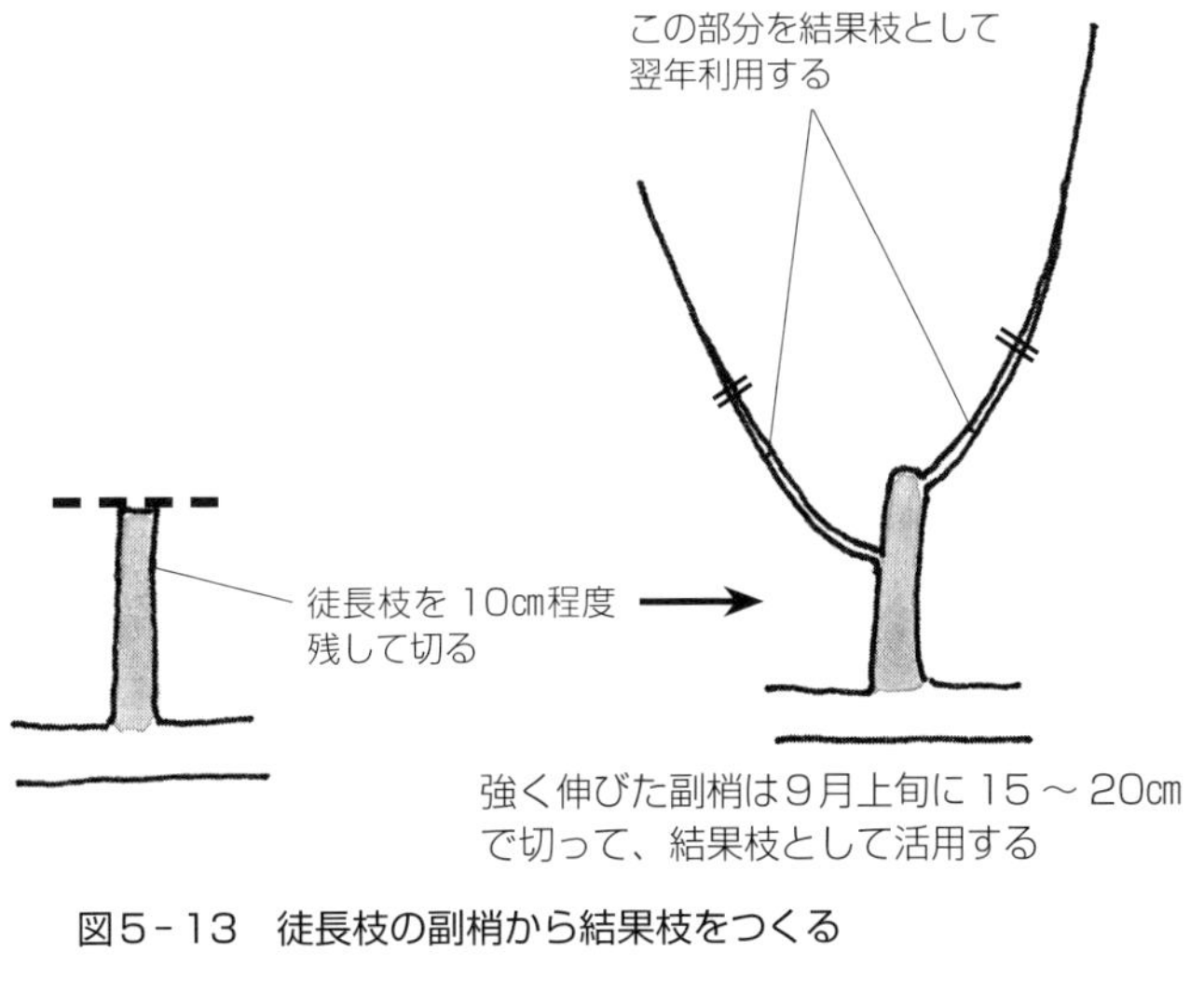

図5-13　徒長枝の副梢から結果枝をつくる

2 5～6月に大きい灌水効果

ここ数年の核割れの発生についてみると、硬核期前後、とくに5月の気象が不安定で、核割れの発生に大きく影響していることが注目される。乾燥が続いたあとの降雨で、急激に肥大すると核割れにつながる。そこで核割れが発生する危険性が高い満開20日後～硬核期までは、土壌が乾燥したら定期的に灌水し、土壌水分が急激に変化しないように管理する。

また、近年は短期間に集中して雨が降る傾向があるので、水はけの悪い圃場は、滞水しないよう排水対策を講じ、土壌水分の変化を少なくする。

一方、果実肥大期にあたる5～6月は、結実した果実の肥大と新梢伸長に多くの水分を必要とする。とくに開花から50日ほどの細胞分裂期は、最終的な玉張りに影響する。しかし、この時期は降水量が少ない日が多く、養水分不足になりやすい。逆にいうと、灌水がもっとも効果を発揮する時期でもある。この時期の灌水量の目安は、7日間隔で15～20㎜とする。

なお、先ほども述べたとおり、乾燥が続いたあとの多量の灌水は急激な果実肥大を招き、核割れや生理落果、裂果などを助長する。このため、定期的に灌水を行なって、土壌水分を適度に保つことが重要になる。

3 黒星病とカイガラムシ防除

この時期になると黒星病の感染が始まり、アブラムシ類、モモハモグリガの発生が続く。また、カイガラムシ類のふ化幼虫が発生する。

黒星病は、枝上の病斑で越冬する。前年に発生の多かった園では多発する恐れがあるので、防除薬剤を定期的に散布する。

カイガラムシは種類によって幼虫の発生時期が異なる。ウメシロカイガラムシは4月下旬～5月上旬、ナシマルカイガラムシは5月下旬～6月上旬となる。ふ化した幼虫がカイガラをつくったあとでは防除効果が低下するため、幼虫の発生期が散布適期である。地域によりその発生時期が異なるため、地元の農協や指導機関の情報に留意する。また、幼虫の発生時期は毛糸トラップを使うと容易に知ることができる（104ページ参照）。

ウメシロカイガラムシやナシマルカイガラムシは年に3回（第3世代まで）発生するが、世代を重ねるごとに発生時期がばらけるため、1回目の発生期に防除を徹底する。

第6章

実際編

6〜7月 果実肥大期の作業

（着色管理、新梢管理、園地の排水対策・防除）

果実の肥大・新梢の伸長とも旺盛な時期で、6月上中旬には長い梅雨期に入る。この時期は日照不足で樹も軟弱徒長になりやすい。適切な着色管理（反射マルチの敷設や枝の支えなど）や、病害虫も多発しやすいため適切な新梢管理を心がける。

7月には早生品種の収穫が始まる。平年20日過ぎには梅雨が明けて、夏本番を迎え、夏果実であるモモのシーズンとなる。着色管理や病害虫防除が作業の中心となる。

帆柱による枝のつり上げと支柱立て

モモ果実は収穫間際に肥大する。成熟期が近づくにつれて、主枝、亜主枝の先端部は果実の重みで次第に垂れ下がってくる。垂れ下がった枝が下枝と重なると、着色に必要な光が樹冠内部に入らず着色が不揃いとなる。重みにより枝が裂けたり折れたりすることもある。

そこで、帆柱で枝をつり上げて樹冠内部や樹冠下に十分光が入るようにする。帆柱によるつり上げの対象にならない大きさの側枝は誘引して、隣接する側枝の間隔を維持して採光条件を良好に保つ。

成木になって年数が経過した樹は枝が長大化し、果実の重みで折れやすくなる。果実肥大に伴い枝が下垂してくるので、下垂した枝には早めに支柱を当てる（図6-1）。

図6-1　果実の重みによる主枝先端の下垂
下垂した枝が折れないように、帆柱によるつり上げ、支柱による突き上げで、枝の損傷を防ぐ

新梢管理の徒長枝抜き

1 徒長枝抜きが必要な樹

この時期、若木や強せん定樹など樹勢が強い樹は徒長枝が多く発生する。徒長枝は、樹冠内部への光線の透過を妨げ着色など果実品質を低下させ、風通しを悪くして病害虫の発生を助長する。着色期を迎える前に、徒長枝や新梢が繁茂し暗い状態にある部分は、枝をせん除して、明るさを保つように心がける。

なお、前章で述べたように、徒長枝になるような強い新梢はその発生が見られた段階から対応していくべきで、まず4月下旬に芽かき、その後、さらに強い新梢が出てきたら5月中旬から6月上旬に摘心や捻枝をして、長大化しないように管理する。このように徒長枝や徒長的な生育をする枝は生育に応じて順次処理するが、着色期を迎える前の管理としては徒長枝の夏季せん定が主になる。

2 徒長枝抜きの実際、しかしやりすぎると逆効果

樹勢が旺盛で徒長枝の発生が多い樹は、樹冠内部が暗く、徒長枝以外の新梢も徒長的に伸びて充実不良になりやすい。樹冠下に木もれ日が20％透過するくらいの明るさ（図6-2）を目安に、それより暗い場合は、樹冠内部の徒長枝を数本、ただし旺盛な樹勢でも7～8本を限度としてせん除する（図6-3）。

その際、日焼けを防ぐため主枝や亜主枝の陽光面にある新梢は、基部を20㎝程度残して摘心する。

徒長枝抜きは、切りすぎると二次伸長を誘発し（図6-4）、玉張りの不良や微裂果の発生を誘発する。過剰な処理に注意し、捻枝や誘引と併せて管理する。

徒長枝の乱立した樹は樹冠内部が暗くなるので、樹冠下の明るさを見ながら枝を取り除く

⇓

徒長枝を整理すると樹冠内部も明るくなり、品質向上に結びつく
物質生産の面からも硬核期以降に旺盛に伸びる枝はムダとなる

図6－3　樹冠下に木もれ日が20％くらい透過する程度に徒長枝抜きを行なう

図6-2　適度な樹冠下の明るさ
地面の葉影（木もれ日）が20％ほどになるように新梢管理する

着色を促す除袋のタイミング

1 袋の種類で異なるタイミング

除袋のタイミングは、使用する袋の種類によってそれぞれ異なる。袋の種類ごとの除袋適期は図6-5に示すとおりである。除袋適期の果実の外観は全体的に葉緑素が抜け白色がかり、果梗部と縫合線付近に葉緑素（青み）が残っている状態が目安となる（図6-6）。遮光の程度がやや弱い電話帳着色袋での除袋は、葉緑素が果実全体に残る程度が目安で、果頂部がわずかに着色した時期が適期となる。

除袋時期が近づいたら樹上部や枝先の果実を試しに除袋して、果実の状態を確かめる。除袋作業は、袋に湿り気がある早朝か

図6-4　新梢管理後の二次伸長
この時期の新梢管理では、処理した後二次伸長するので、必要最低限の徒長枝の処理だけ行なう

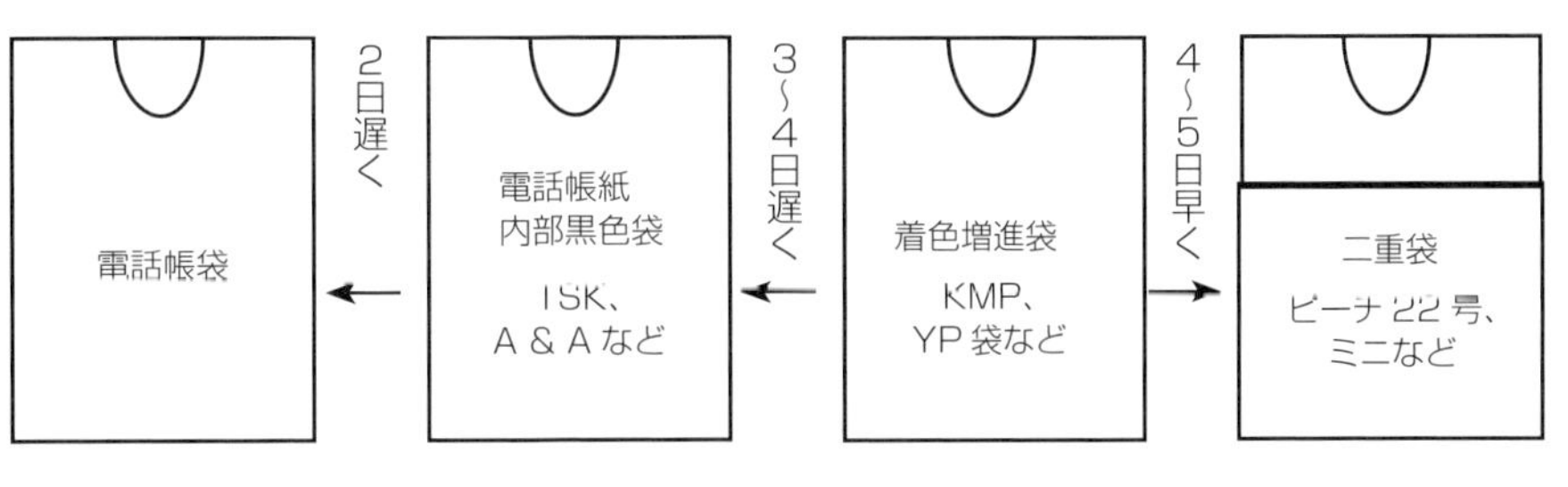

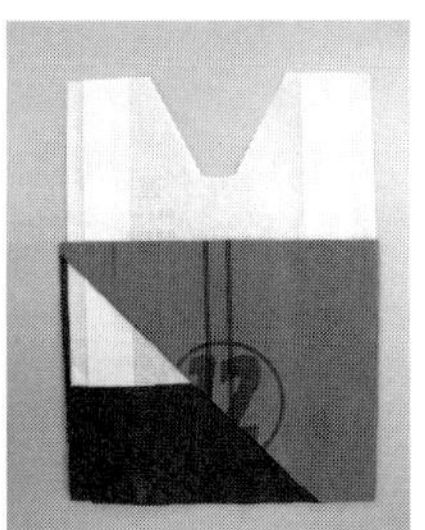

図6-5　袋の種類による除袋適期の目安
右から二つめの着色増進袋（KMP）を標準とすると、二重袋は4～5日早く除袋し、電話帳紙内部黒色袋は3～4日遅く、電話帳袋はさらに2日遅く除袋する
（写真は素材と内部の着色、形状がわかりやすいように左下を斜めにカットしている）

図6-6
除袋適期の果実

ら始めれば簡単に袋が破けるので能率がよい。

2 曇雨天が続くときは早めに除袋

除袋後に曇雨天が続くと光が不足し果実の着色が進まないため、十分に着色しないうちに熟期を迎えてしまう。連続した曇雨天が予想される場合は、通常より2～3日ほど早めに除袋する。逆に晴天が続く場合は、高温で成熟が進むので、地色の抜けをしっかり確認し、適期に除袋する。

天候の推移を見ながら、樹上部を中心に早めに除袋することが必要である。

反射マルチの効果的な使い方

1 白色マルチなら日焼けしにくい

反射マルチに近い下枝の果実は強い照り返しで高温になり、日焼けを起こしやすい。

近年は、全反射のシルバータイプのマルチに代わり白い乱反射タイプのマルチ（商品名・タイベック）の使用が増えている。このタイプは、シルバーマルチに比べて敷設時の温度が4～5℃ほど低く、果実の温度が上がりにくいため、高温時の日焼け対策にもなる。また日中の強い日射しの中でも反射光は眩しくなく、体感温度も低いので敷設作業は断然楽である。

さらにマルチ止めのピン打ちの負担軽減のため、廃タイヤを利用したマルチ押さえ（図6-7）や、鉄パイプとパッカーを使った簡易マルチ（楽らくタイベック）の使用も増えている。これだと、マルチ押さえは不要で、女性一人で敷設、移動、片付けができる。熱の反射が少なく、暑い夏の日中の作業も苦にならない（図6-8）。

2 曇雨天の場合も乱反射タイプ有効

全反射のシルバータイプのマルチは、晴天の条件下で地上3～4mの範囲まで着色

図6-7　廃タイヤの一部を利用したマルチ押さえ

図6-8　ピン止めのいらない簡易マルチ
製品として販売されているが、Ø19㎜（あるいはØ22㎜）の直管パイプとパッカーを使って自作もできる

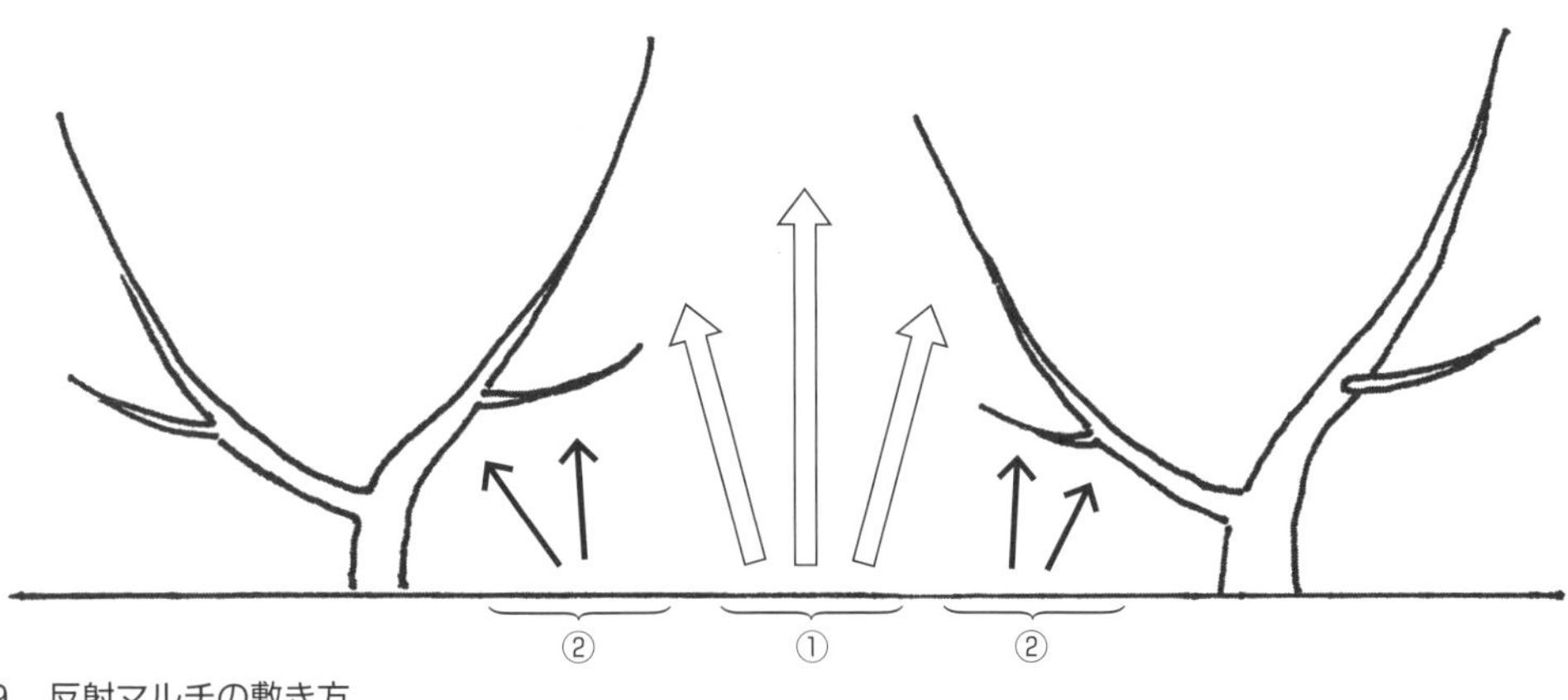

図6-9　反射マルチの敷き方
主枝の先端など樹冠上部まで光を反射させる場所①には、反射率の高いもの、新しいものを使用する
反射マルチから果実までの距離が短い樹冠下部の②の場所は、乱反射タイプのマルチではとくに考慮する必要はないが、全反射タイプのマルチでは強い反射によって日焼けするので、古いマルチを使用する

増進の効果がある。しかし、収穫時に曇雨天が続くと絶対的な光量が不足するので効果は低下する。

これに対して、乱反射タイプのマルチは、曇雨天時における下枝への光線量（マルチに反射して下枝の葉にあたる光の量）が全反射のシルバータイプのマルチより多くなる。曇雨天が続く場合は、全反射タイプより乱反射タイプのマルチを選択したほうが着色は向上する。

ただし、日射しが多少でもあれば全反射タイプのほうが効果は高い。天候の変化を慎重に見きわめて、使用するマルチの種類を選択する。

曇雨天が続く場合は着色が遅れるので、通常より2～3日除袋を早めるとともに、反射マルチは早めに、できるだけすき間がないように敷く。全反射タイプを使用する場合は、反射率の高い資材や新品のマルチを使用する。ただし、アルミ蒸着の全反射タイプのマルチは、梅雨明け後の強日射による日焼け果に注意する。下垂枝や低樹高に仕立てた樹、あるいは樹の南側や西側の果実に対しては、反射率がやや低下した使用感があるマルチを使うなどの調節を行なう（図6-9）。

3 過剰着色とマルチ焼けを防ぐ

反射マルチは、下枝や光条件が劣る部位の着色を促進し、樹上部と下部の品質のばらつきを少なくするので、利用価値は高い。かといって過度に使用すると、熟度よりも着色が先行して未熟果を収穫する可能性が高くなる。反射マルチの使用開始時期は、有袋で栽培する場合は除袋直後からである。

一方、無袋で栽培する場合は、品種ごとの着色の難易に応じて使用開始期間を決める。着色しやすい品種は、樹冠上部の果実が着色を始めた頃に、着色しにくい品種はそれよりやや早い時期から使用する。

着色が樹冠全体に広がり果実がおおむね着色したら、速やかに反射マルチを除去して鮮明な紅色を維持した状態で仕上げる。

いつまでも敷いていると、果実表面が暗赤色になり、微裂果の発生を助長する。

その他の管理

1 梅雨期の排水対策を万全に

この時期は、曇雨天が続くとともに、梅雨期の後半には梅雨前線が活発となり、大雨になることがある。早生品種は、収穫時期がこの梅雨期の後半にあたる。大雨で園場が滞水したりすると土壌中の酸素が不足し、果実品質の低下を招く。あらかじめ平坦な園場の周囲には明渠（排水溝）を掘るなどの排水対策が必要である。

2 灰星病、シンクイムシ類の防除に注意

6月は梅雨のため湿気が多く、各種病害が発生しやすい。早生種では収穫も始まるため、灰星病を中心にした果実腐敗病の防除に重点をおく。収穫期が近い品種は、除袋後（無袋の場合は果実の着色始め）の散布を徹底する。灰星病に感染した果実は二次感染源となるので、被害が拡大しないよう発見次第、土中に埋めるか持ち出す。害虫ではモモハモグリガ、シンクイムシ類、ハマキムシ類などの被害が多くなる。

なお、防除薬剤は早生種、中生種、晩生種で異なるので注意する。収穫期に雨が多い場合や収穫期間が長引く場合、果実腐敗病やシンクイムシ類に対して防除剤の追加散布を行なう。無袋栽培の中生種では、黒星病防除剤の散布間隔が空かないよう注意する。梅雨明け後は、ハダニ類の発生が多くなるので殺ダニ剤を散布する。

図6-10　灰星病に感染した果実

第7章 7～8月 収穫期の作業（収穫、出荷）

実際編

中生種以降の果実の収穫期を迎え、肥大が旺盛な時期である。
やはり果実肥大で枝が下垂するので、継続して枝のつり上げや徒長枝の整理で受光態勢を整える。反射マルチの適切な使用で着色を促す。

表7-1　モモ主要品種の成熟日数一覧

品種名	開花期	収穫期	満開～熟期
ちよひめ	4/10	6/27	71～80
はなよめ	4/10	6/26	71～80
日川白鳳	4/11	7/3	81～90
加納岩白桃	4/9	7/12	91～100
みさか白鳳	4/9	7/7	91～100
あかつき	4/9	7/25	101～110
白　鳳	4/12	7/18	101～110
浅間白桃	4/13	7/24	111～120
なつっこ	4/9	7/27	111～120
一宮白桃	4/10	8/8	111～120
黄金桃	4/12	8/12	121～130
川中島白桃	4/11	8/13	121～130
ゆうぞら	4/10	8/16	121～130
あぶくま	4/9	8/17	141～150
幸　茜	4/10	8/28	141～150
さくら	4/8	9/1	141～150
西王母	4/11	9/12	151以上

適熟の判断が品質を大きく左右する

1 収穫の判断基準

●成熟日数

満開から収穫までの日数は成熟日数と呼ばれ、品種によってほぼ一定している。このため、それぞれの品種の収穫日はおおよそ予想できる（表7-1）。ただし、成熟日数には幼果期の気温が大きく影響し、低く経過した場合は成熟日数が長くなる。また、チッソの肥効が遅れたり、収穫直前に35℃以上の高温が続いたりすると成熟が遅延して、やはり成熟日数は2～3日長くなる。生育期の気温の推移と栽培の状況を勘案するとともに（図7-1）、直前に収穫された他品種の収穫日の進み具合も参考にすれば収穫始め日が推定できる。

●果実硬度

収穫果実の硬度の目安は、系統出荷や宅配であれば2.5kg前後である。シーズン初めの初収穫のときは果実硬度を実際に測定し

図7-2
硬度計（藤原製作所；果実硬度計 KM-5型）による果実硬度の測定

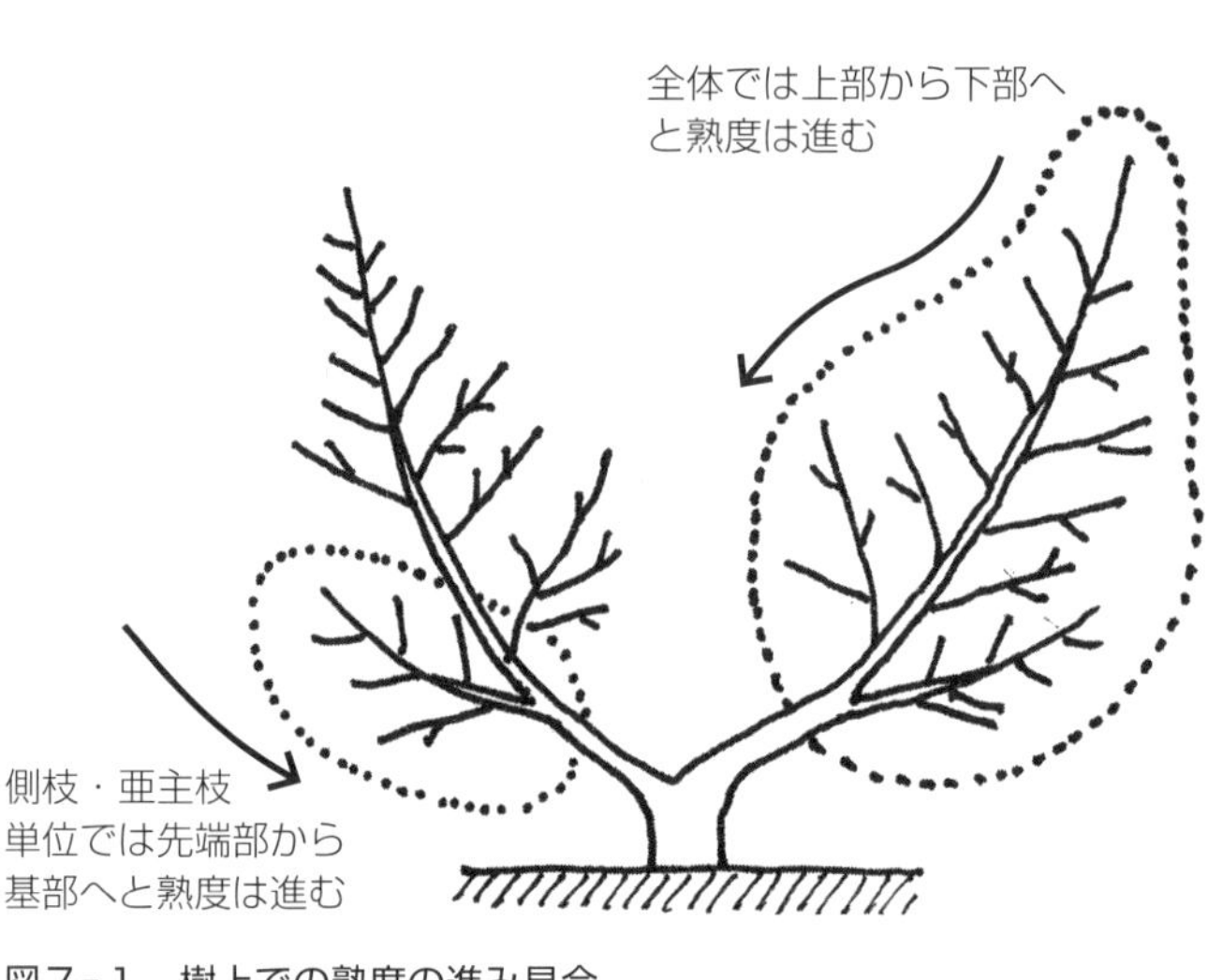

図7-1　樹上での熟度の進み具合

（図7-2）、試食と併せて確認する。

●手触り＋地色の抜け具合で判断

収穫適期の判断は、手全体で軽く果実を握り、手のひらと指の腹の部分にあたった果皮の感触（わずかな弾力）を感じて判断することもできる。経験の浅い初心者が、この感触で判断する技量を身につけるには数多く経験を積むほかないが、手のひらの感触と併せて前述の硬度計での実測値を確認すると、収穫適期を判断する技術が早く身につく。

モモの着色は地色の抜けと同時に進むので、ほとんどの品種で着色は弾力と併せて熟期を判定する信頼できる目安となる。しかし、収穫まで除袋しない「白桃」や「黄金桃」などは袋の上からその感触で判断せざるを得ない。判断できなかったり、迷ったりした場合は、袋を一時的に外し、直接触れて判断する。

2 収穫作業は朝もぎが基本

モモは収穫時期が短いので、収穫直前になったら園内を毎日見回り、果実の成熟を観察する。見回る際は、病害虫の発生状況などにも注意する。基本的に収穫作業は早朝より開始し、10時頃までには終了する。日中は、果実の品温、外気温ともに高くなり、果実の軟化が進むので収穫は避ける。

収穫した果実は、果実から蒸散する水分を抑えるために、収穫箱（コンテナ）に入れて、直射日光があたらない風通しのよいところに保管する（図7-3）。やむを得ず、夕方に収穫する場合は気温が下がってから行ない、前予冷施設（共選ラインに乗る前の搬入場所など）がある場合は、軟化が進むのを防ぐために速やかに入庫して果実温を下げる。

収穫は専用のもぎカゴを使う。もぎカゴと収穫箱の中には、デリケートな果実が傷まないようにウレタンを敷いて果実を衝撃から保護する（図7-4）。

モモの成熟は急激に進むため、収穫期に降雨があっても収穫しなければならない場合もある。しかし、果実が雨で濡れていると接触によって取れた毛がかたまりとなる

図7-3　収穫した果実の保管の工夫
収穫した果実は、直射日光があたらないよう樹冠下の日陰でコンテナ詰めしたり（左）、日陰がない場合は日除けテントを利用する（右）

図7-4　収穫用もぎカゴ
カゴにはウレタンを敷き、果実を衝撃から守る

ので成熟を判断する手のひらの感触が鈍る。着色の程度も併せて判断の参考にし、慎重に判断する。濡れている果実は、もぎカゴから乾いた収穫用コンテナに詰めるので時間の経過とともに乾き、とくに問題はない。

収穫の遅れが果肉障害を増やす

1 適期を過ぎると老化が始まる

果肉障害とは、果肉が水浸状に変化（水浸状果肉褐変症）したり、褐変したりする障害で、岡山県では赤肉症といわれる果肉障害も発生している。収穫始めからの日数が経過するにしたがい、果肉障害の発生は増加する（図7-5）。障害果を増やさないため、樹上での日持ちが比較的よい品種（「ゆうぞら」「さくら」「幸茜」など）では適熟硬度（2.5kg）に達したら、随時収穫する。とくに樹上において果実の軟化が遅い品種（「嶺鳳」「川中島白桃」など）は収穫が遅れないようにする。

樹上で果実が適熟硬度を維持する期間は、「白鳳」で4日程度、「嶺鳳」では10日程度と推定され、品種によって大きく異なる（図7-6）。収穫始めからの日数が経過すると、硬度を保ちながら熟度が進んだ果実の混入が多くなり、果肉障害の発生割合も増える。「嶺鳳」のように樹上での日持ち性のよい品種は、硬度を保ちながら果実の成熟が進行する（老化が進む）ので、収穫期の後半は毎日見回り、適熟硬度に達した果実は速やかに収穫する。

一方、「白鳳」のように樹上での硬度低

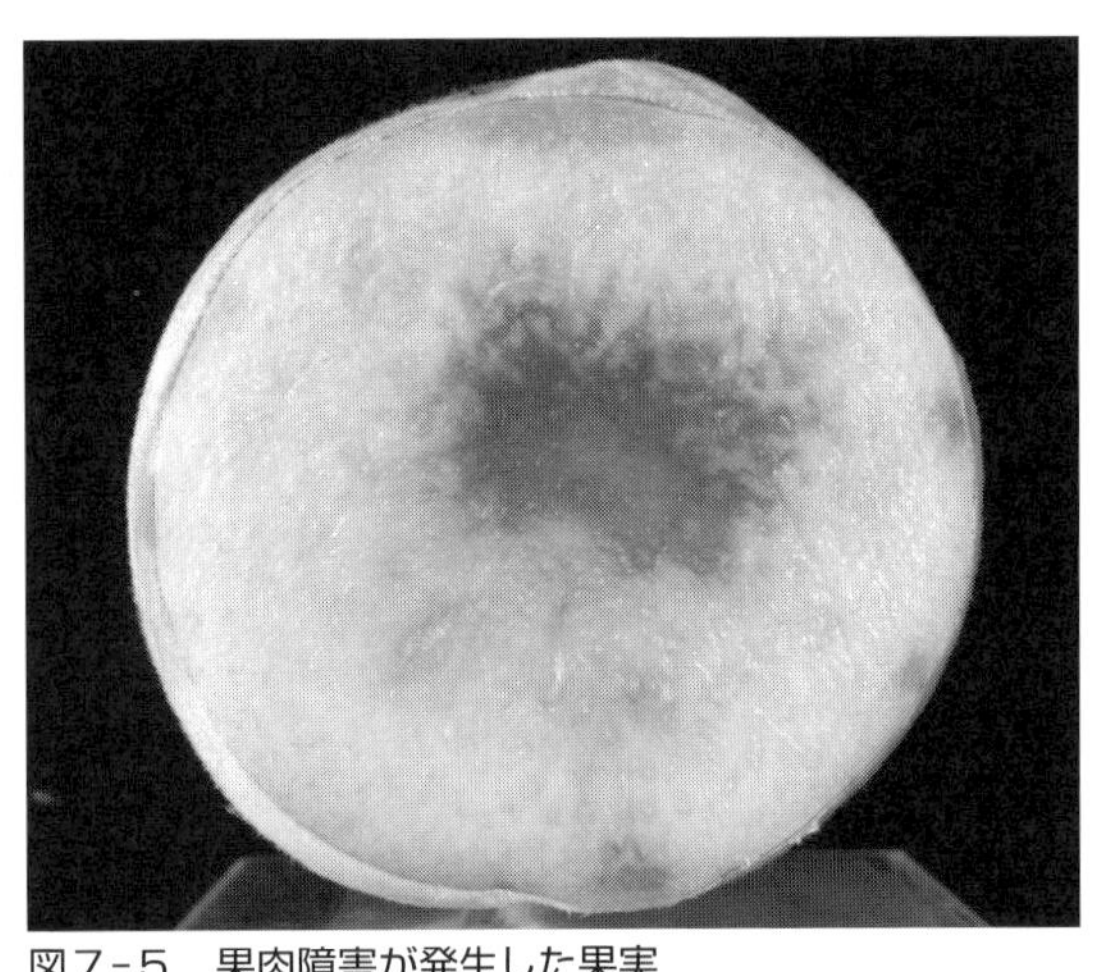

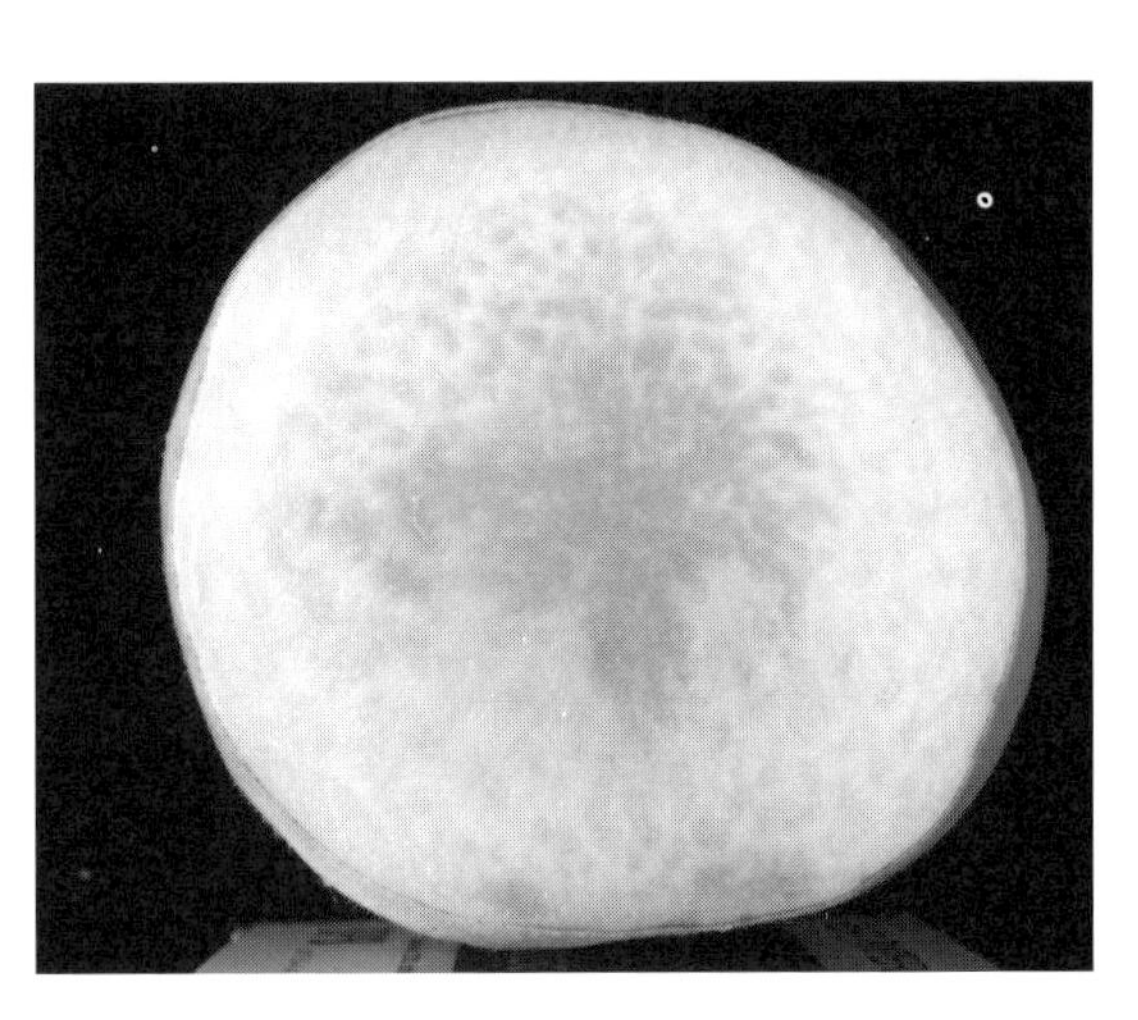

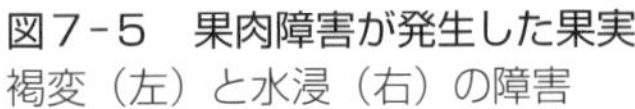

図7-5　果肉障害が発生した果実
褐変（左）と水浸（右）の障害

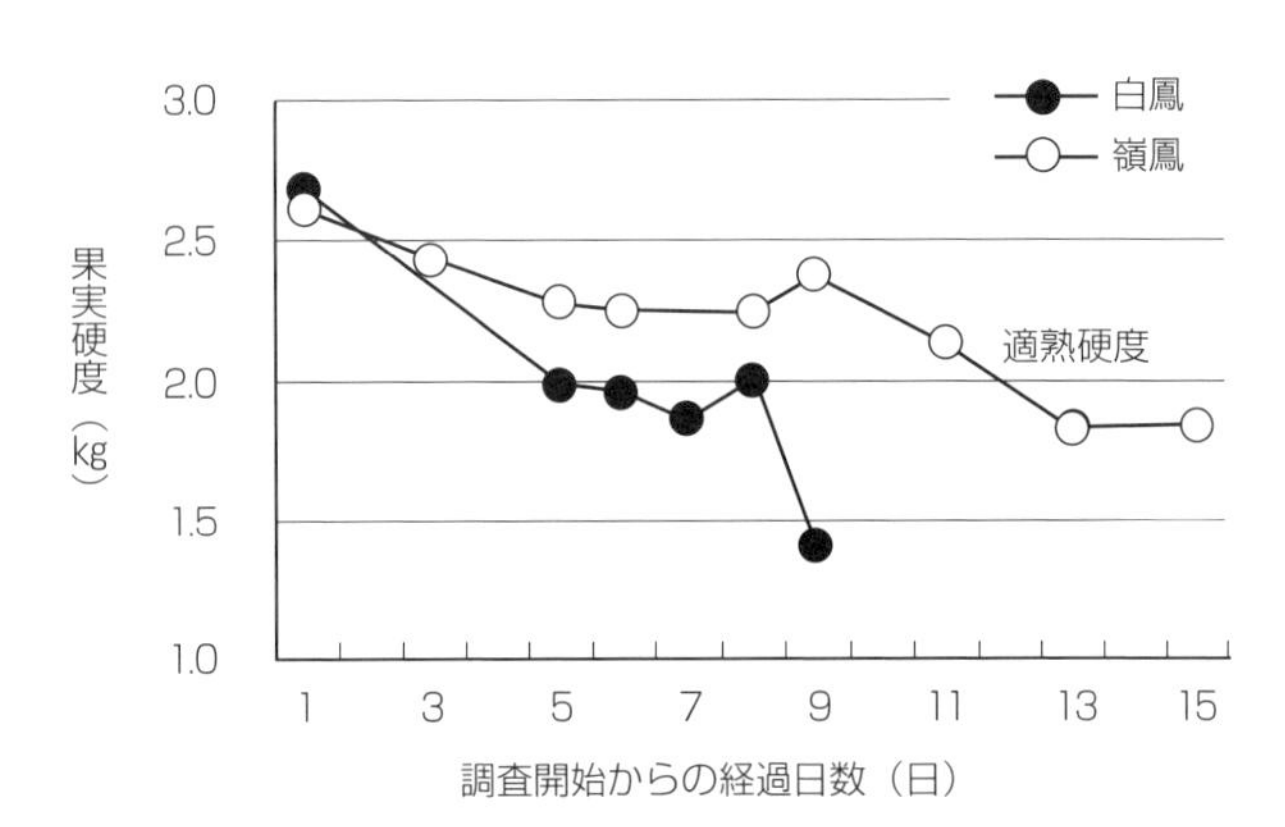

図7-6　樹上での果実の軟化様式の比較
（山梨県果樹試験場、2007）

下が比較的早い品種は、適熟硬度を遵守した収穫を行なっていれば、収穫期後半においても果肉障害の発生は軽微であり、問題は少ない。

「嶺鳳」以外の品種でも「暁星」や「川中島白桃」は、収穫期後半に障害果の割合や障害程度が大きくなる傾向が見られる。これらの品種においても適熟硬度に達した果実は随時収穫する。

2 品種による障害発生の多少

●褐変果＋水浸果の重症果率

山梨県果樹試験場では同一圃場に植栽した17品種について、栽培管理を揃えたうえで、2.0～2.5kgの適熟な硬度で収穫し、果肉障害発生の品種間差異を調査した。

「ちよひめ」「日川白鳳」「一宮白桃」「あぶくま」は、褐変果および水浸果とも発生がわずかで、発生した障害の程度も軽微であった。「夢しずく」「嶺鳳」「なつおとめ」「みさかっ娘」の4品種は褐変果の発生率が高く、「暁星」「紅国見」「嶺鳳」「夢あさま」「なつおとめ」「みさかっ娘」の6品種は水浸果の発生率が高かった。これら褐変果および水浸果の障害の発生程度をそれぞれ5段階に区分し、指数2以上の褐変果と3以上の水浸果を重症果として、その発生割合を求めたところ、「ちよひめ」「日川白鳳」「加納岩白桃」「浅間白桃」「一宮白桃」「黄金桃」「あぶくま」は1％以下であった。逆に重症果率が高いのは「紅国見」「嶺鳳」

「なつおとめ」「みさかっ娘」の4品種で、これらの品種は3年間の平均で10％を超えていた。

●日持ちの良否と障害発生率

また、日持ちのよい品種では果実の軟化がゆるやかで、収穫期間は長くなる。日持ちのよい「嶺鳳」では適熟な硬度（2.0～2.5kg）で収穫できる期間が2週間以上あり、「川中島白桃」などがこれに続く。中庸な肉質の「白鳳」の約8日間に比べて長く、収穫期の後半になると障害の発生や程度が増す。

●果実重と障害発生率

品種ごとの平均果実重と発生率との間にはとくに関係性は認められなかったが、平均糖度が12.5（Brix値）を超える品種で障害発生率が高い傾向が見られた（表7-2）。果肉障害の発生は年によっては発生が多く問題となる。品種によっても障害発生に差があるので、品種導入の参考にする。

表7-2　品種別の果肉障害被害果率　（山梨県果樹試験場）

	品種名	果実重	糖度	褐変果　被害果率（%）				水浸果　被害果率（%）			
		（g）	(Brix)	2004	2005	2006	平均	2004	2005	2006	平均
早生種	ちよひめ	215.1	10.7	0.0	0.0	0.0	0.0	0.8	0.0	2.1	1.0
	日川白鳳	266.4	11.2	0.0	0.0	0.0	0.0	0.0	0.0	0.0	0.0
	暁　星	240.1	13.0	0.0	3.2	2.8	2.0	8.2	6.4	1.9	5.5
	紅国見	223.8	13.7	0.9	0.0	1.8	0.9	11.8	25.6	21.1	19.5
	みさか白鳳	251.6	12.5	0.0	1.3	0.0	0.4	0.0	13.0	0.0	4.3
	加納岩白桃＊	263.4	10.5	－	0.0	0.0	0.0	－	0.0	0.0	0.0
	夢しずく	254.1	12.5	0.0	8.6	1.0	3.2	3.8	5.5	0.0	3.1
中生種	白　鳳	307.4	12.7	0.0	0.0	2.0	0.7	0.0	1.9	5.9	2.6
	夢あさま	300.0	13.4	0.0	1.0	0.0	0.3	0.0	5.8	8.9	4.9
	嶺　鳳	332.5	13.6	0.0	9.5	10.1	6.6	0.0	5.1	11.6	5.6
	浅間白桃	357.9	13.4	0.0	0.0	1.0	0.3	2.0	0.0	0.0	0.7
	なつおとめ	237.7	14.1	0.0	12.5	13.4	8.6	0.0	1.8	3.1	1.6
	なつっこ	337.7	14.7	0.0	1.0	2.0	1.0	1.0	0.0	0.0	0.3
	長沢白鳳	410.3	13.4	0.0	5.8	4.3	3.4	0.0	0.0	1.1	0.4
	一宮白桃＊	331.8	12.4	－	0.0	0.0	0.0	－	0.0	0.0	0.0
晩生種	川中島白桃＊	419.0	13.8	－	0.0	5.0	2.5	－	2.2	0.8	1.5
	黄金桃	405.9	12.8	0.0	0.0	0.0	0.0	0.0	0.0	0.0	0.0
	ゆうぞら	340.3	13.3	0.0	0.0	0.0	0.0	2.8	0.0	0.9	1.2
	あぶくま	333.9	14.1	0.9	0.0	0.0	0.3	0.0	0.0	0.0	0.0
	みさかっ娘	336.9	14.7	1.1	1.8	21.3	8.1	1.1	5.3	10.1	5.5

＊「加納岩白桃」「一宮白桃」「川中島白桃」は現地圃場で2カ年の調査、他は場内圃場で3カ年の調査
調査果数は1品種1カ年100果程度、果実硬度は2.0～2.5kg程度で果実を調査

実際編

第8章 9〜11月 収穫後の作業

（縮間伐、秋季せん定、土づくり、施肥）

良品のモモづくりは収穫後からスタートする

収穫後の管理が中心となる。梅雨明け以降、夏の高温で生長を停止していた根が、秋になり温度がふたたび生育に適するようになるとまた生長を開始する。そうして9〜11月にかけて貯蔵養分を樹体内に貯めて、来シーズンに備える。

翌年の初期生育がスムーズに進むよう、秋肥の施用を適期に実施する。早期落葉を起こさせぬよう病害虫防除についても徹底して行なう。

1 品質は収穫時の新梢停止率で決まる

●光合成産物の分配効率が大事

モモは開花から成熟までの期間が短く、もっとも早いものは70〜80日ほどで成熟期を迎える。高品質多収を目指すには、早期に葉面積を確保して果実への光合成産物の分配率を高め、できるだけムダな生長をさせないことが大事である。このことは再三述べてきた。

果実の糖度は着色が始まる頃（収穫の10〜15日前）から急激に高まる。それまでに

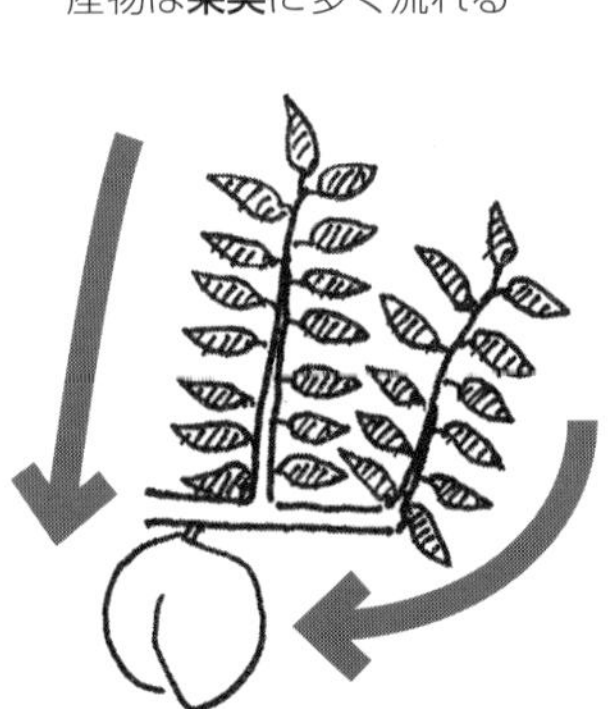

図8-1　新梢伸長と果実への光合成産物の転流との関係

図8－2　長果枝新梢先端の止め葉（左）と未展開葉（右）
7月中下旬まで伸長が続く長果枝も伸長がまったく止まらないようでは果実への分配率を下げることになる
左は伸長が止まった長果枝先端、右はまだ伸び続ける気配の長果枝

図8－3　遅くまで生長が続く樹相
主枝分岐付近から強い枝が多数発生、収穫期まで伸長が続く

段階的な着果調節により、収穫時には果実1個の生産を55～60枚の葉でまかなうよう、調節してきている。ただし、その葉で生産された同化養分が果実にどのくらい効率よく送り込まれるかは、この時期の新梢の停止状態が大きく関係する（図8‐1）。

●分配効率は新梢伸長の停止が決め手

結果枝は、その長さによって新梢伸長の停止時期が異なる。短果枝や中果枝は5月下旬～6月上旬に止まるが、長果枝は7月中下旬まで伸長が続き、1mを超えるような徒長枝（発育枝）は8月になっても生長が続く（図8‐2、図8‐3）。新梢の生長が遅くまで続けば、光合成産物の果実への分配は著しく低くなり、果実生産の大きなマイナスになる。

これは、葉で生産された光合成産物が新梢先端に強く引っ張られ、果実に転流する（果実に使われる）量が減るからである。その結果、糖度が低く、着色も不良になる。さらに過繁茂になり採光条件が不良な樹姿となることから熟期は遅れ、収穫期間も長くばらつく。変形果や核割れ、生理落果が多く、品質も不安定で、品種本来の優れた特性が発揮できない。

●着色始めの新梢停止率を80～90％に

一方、着色が始まる時期に80％ほどの新梢が伸長を停止している樹（図8‐4）では、葉で生産された光合成産物の多くが効率よく果実へ転流し、糖度が高く、着色のよいモモが生産できる。もっとも、着色始め期に新梢の停止率が高いほど光合成産物の果実への分配は多くなるが、高すぎてもよくない。新梢の100％近くまで停止してしまうようだと、樹勢が衰弱している状態なので（図8‐5）、糖度がばらつき、渋味や日焼け果、過熟果の発生が多く、収量

図8-4　高品質な果実が生産できる好適樹相
着色が始まる時期に80%ほどの新梢が停止している。右はその主枝先端部の状態。主枝先端は下垂しやすくなるが、この程度の勢力を保ち、葉数を確保する

も落ち込み、生産性は低くなる。
　着色始め期に新梢の80～90%が停止するよう管理すること。このことが、品質のよいモモを生産する基本であり、そのために重要なのが収穫後の各管理である。

2 樹相診断で樹の栄養状態を把握

　肥培管理を的確に行なうには、まず樹の栄養状態を正確に知ることが大切である。これは一見難しいように思えるが、ポイントさえつかめば、その判断は容易にできる。
　圃場を巡回して新梢の伸び具合や芽の着生状態などを観察し、次に示す3点を判断のポイントとする。

その1　落葉期を迎えたときに、充実のよい樹の葉は一斉に落葉する（図8-6）。充実が悪いと先端部の葉がいつまでも残るなど、落葉にばらつきが見られる。

その2　植え付けの状態が密植であったり、強せん定を行なっていないのに、過繁茂で徒長枝の発生が多ければ、チッソの過剰が考えられる。逆に新梢の伸びに勢いが

図8-5　樹勢衰弱樹
新梢の伸びが弱く短い。そのため骨格の太枝の配置が見てわかる状態。こうなってしまってもよくない

図8-6　樹の充実度合の指標となる落葉の進み方
充実のよい樹は、初冬の強い風で写真のように一斉に落葉する

なく、土壌が乾燥するなどの特別な制限要因がないのに収量が上がらないようなら、チッソ不足を考えてもよい。

その3　芽の着生を観察して、複芽に葉芽と花芽が混在していれば問題ないが、樹勢が弱いと花芽だけに片寄る（図8-7）。

こうした樹相診断を行なうことで樹の栄養状態を知ることができ、前年の施肥量（とりわけチッソ成分）が適切であったのか、また当年の施肥量をどの程度に調節すればよいのか、判断材料とすることができる。しかし、より的確な肥培管理を行なうには、土壌診断や果実の生産実績、新梢の二次伸長の有無など生育期の樹相診断、落葉期の状態などを加味し、施肥量を決める。

山梨県の標準チッソ施用量（表8-1）は、早生種で10aあたり12kg、中晩生種で14kgであるが、樹勢が弱かったら1〜2割増量し、逆に強ければ施肥量を1〜2割減らして調節する。施肥の適量はそれぞれの園の生育状況によって大きな幅があるので、生育に応じて変えなければならない。1回の調節でいきなり適正には導けないので、1〜2割の増減で様子を見る。場合によっては数年かけて調節することになる。

図8-7　花芽の着生状況
中庸な樹勢では花芽と葉芽が混在する（左）が、弱樹勢では花芽のみ（中央）、強樹性では葉芽のみになる（右）など、芽の着生が片寄る

表8-1　成木における時期別施肥量
（山梨県農作物施肥指導基準より）

（1）早生種　（kg/10a）

施肥時期	チッソ	リン酸	カリ	苦土石灰
8月下旬	3	4	3	
9月下旬				60
10月中旬	9	4	7	
計	12	8	10	60

（2）中晩生種　（kg/10a）

施肥時期	チッソ	リン酸	カリ	苦土石灰
9月上旬	3	4	3	
10月上旬				60
10月下旬	11	6	9	
計	14	10	12	60

③ 礼肥と基肥で分けて施肥する

●樹勢回復を目的とした施肥＝礼肥

高品質果実の生産には、収穫期までにチッソの肥効がある程度落ち、新梢の伸長が80%ほど止まっている状態が望ましい。とくに7月中旬までに成熟する早生種の生長は、ほとんどを貯蔵養分によってまかなわれる。したがって、9月から11月の間に貯蔵養分が十分蓄積できるよう、晩生種より早い時期に施肥することで食味のよい早生モモを生産できる。基肥の施用時期が遅れたり、早生種と晩生種の施肥時期が同じでは不合理である。

礼肥は収穫期の早晩に関係なくすべての

表8-2　施肥量を判断する樹相診断の基準

施肥量の過不足	評価項目					
	樹勢	葉色	徒長枝	新梢停止時期	果実品質	その他
過剰	強い	濃い緑	多発	収穫期まで伸長が続く	低糖度、核割れ、着色不良	二次伸長
適正	中庸	中庸	10～20本	着色始め期に80～90%が停止する	高品質、玉揃い良	
不足	弱い	薄い緑	少ない	早い時期に伸びが止まる	小玉	短果枝が多い

品種に共通して、9月上旬に速効性の肥料を葉色を保つ程度に施す。そして礼肥の施肥量と堆肥の成分量を差し引いた量を基肥として施用する。その時期は後述する10月上中旬である。品質の高いモモをつくるポイントは肥料の量と施肥時期にある。

なお、酸性土壌の中和用の苦土石灰も9月下旬に施しておく。

●礼肥には鶏糞　――速効性が魅力

礼肥は9月上旬をめどに、遅くとも中旬までに行なうが、その肥料には鶏ふん、尿素などの速効性チッソ肥料を用いる。年間施肥量の20～30％を施す。10aあたりチッソ成分で3kg程度である。

礼肥として多く使用されている鶏ふんは安価（*）で、すぐに肥効が現われる速効性チッソを多く含むため、樹勢の回復や貯蔵養分への効果が高い。リン酸、カリに関しては化学肥料と同等の肥効をもち、根の伸長や花芽形成に有効に作用する。有機質肥料として優れた肥料である。ただし臭いがきつく、住宅隣接園など周囲の環境によっては利用しにくい。その場合は、尿素などの速効性チッソ肥料で代替する。

礼肥の施用にあたっては、葉色や徒長枝の発生数、新梢伸長の状況など（表8-2）から樹相診断を行ない、新梢の伸びが悪い樹、葉色や枝の色つやが不良で、樹勢が弱い樹を中心に施肥する。樹勢が旺盛で着色始め期の新梢停止率が80％に満たない樹や、着果量の少ない樹に対しては、量を控えるか施用をやめる。

*比較的扱いやすい、発酵処理したペレット状に整形したものでも、15kg入りで300～400円程度。

肥料袋の数字の読み方

肥料袋には大きな数字で肥料三要素の成分であるチッソ、リン酸、カリの成分量が記載されている。例えば図8-8の肥料袋の「8-5-3」という表示は、チッソが8％、リン酸が5％、カリが3％含まれていることを示す。1袋20kg入りとすると、この肥料一袋でチッソ成分を1.6kg、リン酸とカリをそれぞれ1.0kg、0.6kg施用したことになる。

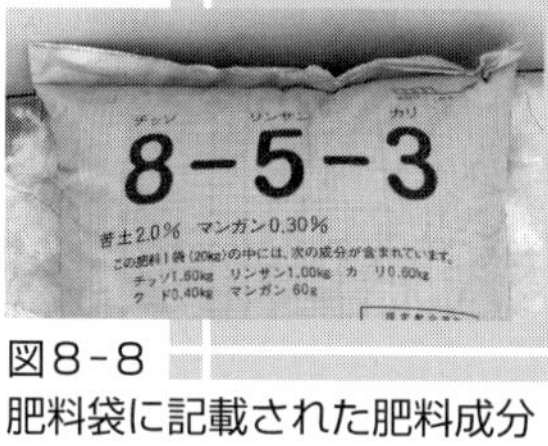

図8-8
肥料袋に記載された肥料成分

4 基肥は10月上中旬に

基肥は、10月上中旬を目安として施用する。降雨が少なく地温の低くなる12月に入ってからでは肥料の分解が遅く、とくに有機質主体の肥料だと肥効が遅れ、新梢の停止時期に遅効きして生理落果や着色不良、食味や日持ち性の低下などを助長する。

　収穫の早い早生種の施肥は10月上旬、中晩生種は10月中旬までに行なう。早生種はとくに影響が大きく、基肥の施肥が遅れると果実品質が低下する。

秋季せん定で翌年の徒長枝を減らす

収穫後の管理のなかに秋季せん定を取り入れる生産者が増えている。

　せん定には大きく分けて、休眠期の冬季せん定と生育期の夏季せん定がある。以前は同じ生育期の処理ということで、秋季せん定を含めて夏季せん定としていたが、夏季せん定の技術を検討するなかで、9月以降の秋季に行なうせん定には、8月までのそれと異なる効果があることがわかり、現在では5~8月のせん定を「夏季せん定」、9月以降のせん定を「秋季せん定」と区別している。

1 徒長枝を冬季せん定まで残さない

　徒長枝を処理しないまま放置すると、繁茂した枝葉によって周囲の結果枝は日あたりが悪くなり、充実不良になる。枝が枯れ込む場合もある。また、徒長枝を放置すると貯えた養分で枝が太り、冬季せん定で強く切ることになって徒長枝発生のくり返しにつながる。その大きな切り口は、モモの樹を健全に維持するうえで致命的となる日焼け発生の原因にもなる。

　こうした徒長枝を秋季せん定で処理すれば、採光が改善され、結果枝は芽も大きくなり充実する。残った枝の養分のみ貯蔵養分として蓄積されるので、徒長枝発生の悪影響が軽減され良果生産へとつながる。

2 よい生育循環への矯正

　落葉してから実施する休眠期の冬季せん定で強く切ると、そのぶんだけ翌年の新梢は強く伸び、樹勢が強くなる。それに対して、秋季せん定の処理は枝を切るほど樹の肥大と樹勢が抑えられる。休眠期に行なわれる冬季せん定とは、せん定後の反応が正反対となる。これは、9月以降はモモが自発休眠の導入期に入り、せん定後の反応として副梢が発生しないからである。このため樹全体の受光態勢がよくなり、芽や結果枝が充実する。樹勢の適正化により高品質果実の生産ができる。

　ある程度落ち着いた樹の樹勢調節は、冬季せん定の程度や肥培管理、着果量の調節などで行なうが、若木など樹勢が旺盛な場

図8-9　樹冠内部の強い枝を秋季せん定で処理せず、そのまま落葉期を迎えた状態
冬季せん定で強い枝を抜くと、また新梢が強勢に吹き出し、樹相を悪くしてしまう負の循環に

合は、それだけでは調節が困難である。秋季せん定は翌年の新梢生育への反応が少ないぶん、冬季せん定では手に負えない負の循環（図8-9）から脱却するための樹勢調節として有効である。

3 秋季せん定の功罪

●強樹勢樹が対象

現在では秋季せん定の優れた効果が認識され、広く生産現場に浸透している。しかし、適正な樹勢の樹や樹勢が落ち着いた樹に対しては秋季せん定を行なう必要はない。とくに老木など弱勢樹に対しては樹勢の衰弱を招くので、慎まなければならない。

冬季せん定が必要ないほど、過剰にせん定する事例も見受けられる。このような強い処理を行なうと樹勢が低下してしまうので、せん定量は、樹冠下に20％ほどの透過光が届く程度の必要最低限にとどめる。

●秋季せん定以前の新梢管理も大事

またせっかく秋季せん定で園内を明るくしても、新梢基部の葉がすでに黄化していたり、落葉したりしていては良好な結果枝を得られない。秋季せん定以前に、一定の新梢管理が行なわれ、葉が健全に保たれていることが秋季せん定で効果を得る前提となる。具体的には、収穫前の着色管理で7～8本の徒長枝を抜く程度（強樹勢樹）は必要である。

●冬季せん定、捻枝も選択肢に

秋せん定は、処理時期が遅くなるほどせん除する枝も肥大化して、樹勢調節の効果は薄れる。また、前述のように秋季せん定は樹勢の強い樹や枝に対してのみ行なうが、主枝や亜主枝の延長枝など樹冠拡大を図る部分は旺盛な樹勢を保つため、樹勢が強くても秋季せん定で対応せず、できるだけ冬季せん定で切って、先端の勢力は維持する。

樹冠拡大の途上にある若木では、骨格枝の肥大を図るため、主枝や亜主枝上の強勢枝にはせん除より捻枝（5～6月）を優先して処理する（9月の秋季せん定の時期では、すでに枝が硬くなり捻枝できない）。ただし、枝が込み合う部分は間引く要領で秋季せん定を行なう。

強勢枝が乱立する場合、強いせん定を行なうと骨格枝が日焼けするので、新梢基部を20cmほど残して切る。切り残した部分は冬季せん定で最終的に処理する（表8-3）。

表8-3　新梢管理とせん定（時期別）の役割

管理作業	作業時期	樹勢調節の効果	処理による反発
芽かき	4月下旬～	△	なし
捻枝	5月中旬～6月上旬	△	なし
夏季せん定	5月～	○	二次伸長を誘発、副梢の発生 過度な処理による樹勢低下
秋季せん定	9月	◎	過度な処理による樹勢低下
冬季せん定	12～3月	×	徒長枝の発生

間伐・縮伐のタイミング

1 早めのタイミングで、迷ったら伐る

収穫後の作業では、間伐・縮伐の実施もある。

計画密植をしていて枝が込み、樹冠内部に到達する光が不足すると、葉で生産される同化生産量が低下し、果実肥大の不良、糖度低下、着色不良などを招く。また、この状態を放置すると、下枝を中心に結果枝が充実不良となり、枯死することもある。生産性の高い結果部位が樹冠上部へ移って、作業性の低下、薬剤散布のむらができやすく、樹冠容積の割に収量が上がらないといった弊害が発生する。

計画密植している園は、五点植えしてすでに間伐する樹が決まっている。間伐予定樹は時期を逸して隣接樹に影響が出ないよう、早めに間伐を実施する。間伐はおおむね5〜6年生頃から随時実施するが、判断の目安は、収穫後の隣接樹との間隔で1ｍが一つの基準である。縮伐・間伐は葉のある生育期に判断すると、園内の明るさを的確に確認できる。

計画密植園では、間伐のタイミングが遅れてしまう事例が多い。結実が本格的になり生産量が増えてくると欲が出て、処理は遅れがちになる。

2 縮伐樹は間伐樹

縮伐は秋季せん定と併せて9月上旬に、間伐は収穫直後に行なう。まず、残存樹の誘引を行ない、間伐予定樹との枝の重なりを見る。十分な間隔が確保できなかったり、重なるようであれば、縮伐を実施する。

縮伐すると、少なからず樹形が乱れるので、着果量をやや多めにし、着果負荷によって縮伐の反発を軽減する。また新梢管理を行ない、品質への影響を最小限にする。いずれにしても、残存樹の生育に応じて、できるだけ早めに間伐を実施する。

3 縮伐の勘どころ——息抜き枝の見きわめ

現状よい果実を生産している枝の切り詰めには、誰もが二の足を踏んでしまう。縮伐すると樹形の乱れにつながることを経験しているからである。

生産への影響をできるだけ少なく上手に縮伐するには、影響の少ない位置の見きわめで決まる（図8-10）。切り口付近に強

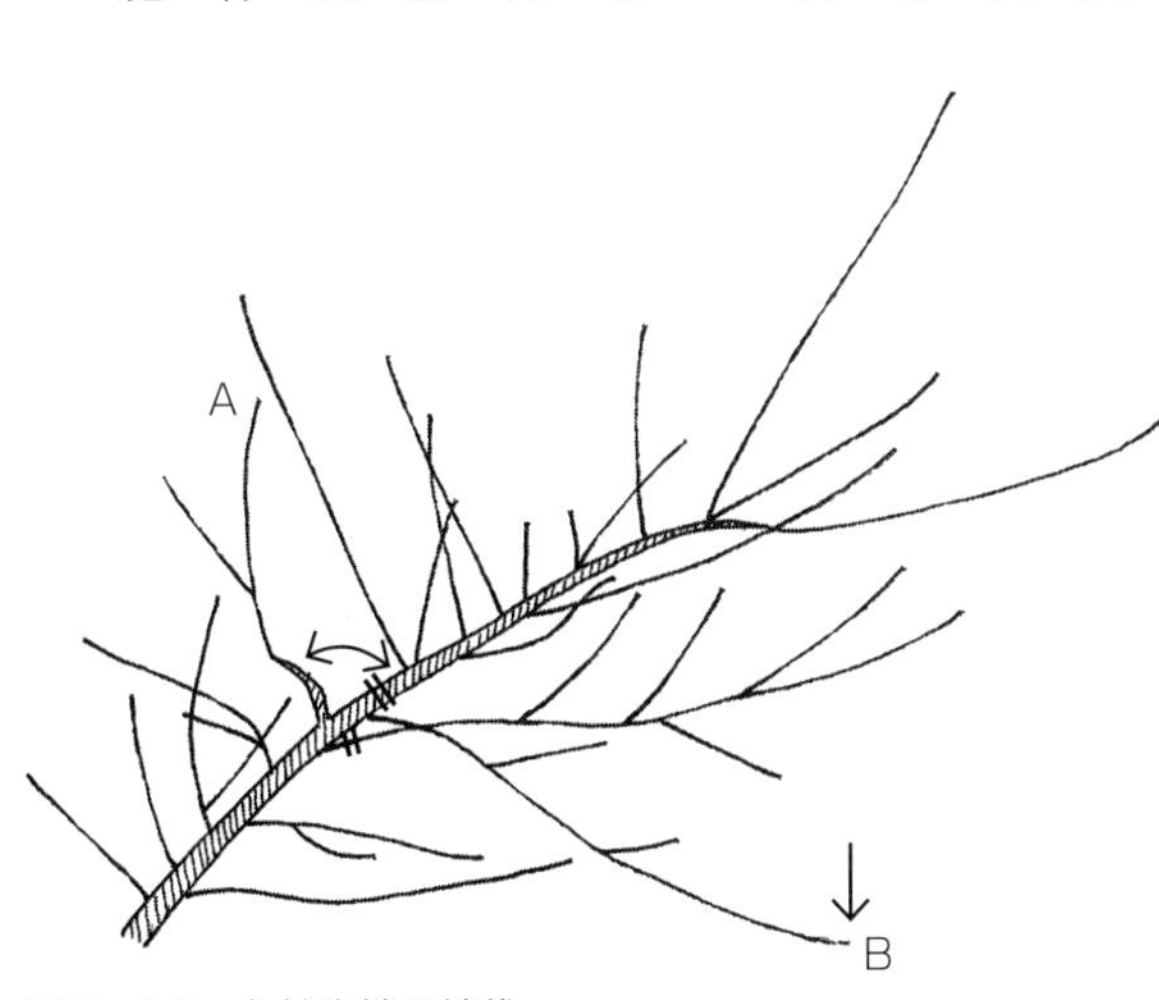

図8-10　主枝先端の縮伐
縮伐後の反発を小さく抑えるには先端として残す枝の選択が重要。主枝の方向に対して横方向に広がった枝（A）、または下垂した枝（B）を先端の枝として選ぶ

図8-11　縮伐後の反発が小さく抑えられた優良事例
縮伐して3年後の結実状況（左）と、結果枝の伸び（右）

勢の枝をおくと、切った反動で強く反発して樹形が乱れる原因となる。切り口付近におく枝は、横もしくはやや下方向を向くか、主枝先端方向に対して角度が開くかしていないと、切った反発が強く出る。先端に残す枝としては2年枝以降（ワンクッション入っている）の生育中庸な結果枝か、小ぶりな側枝を息抜き枝とする。このような枝を、切り口にもっとも近い枝として切ると、反発が少ない（図8-11）。この切り詰めの目安は、側枝の切り返しにも応用できる。

収穫後に乾燥すると貯蔵養分が稼げない

1 落葉まで葉を大切にする

貯蔵養分を稼ぐためには、収穫後も落葉期まで葉を健全に保ち、光合成活性を長期にわたって維持することである。そのためには、次の点に注意する。

①受光量が多いほど光合成量は増えるので、日あたりをよくする。とくに樹冠内部は日あたりが悪いと基葉（新梢基部の葉）の老化が早まり、同化量は低下する。

②光合成は気孔から取り込んだ二酸化炭素を原料として行なわれているが、土壌水分が不足すると、水分ストレスで葉からの蒸散を少なくするために気孔を閉じ、光合成速度が低下する。

③風あたりを弱くする。強風が吹くと、葉からの蒸散量が過大になる。葉はそれを防止するために気孔を閉じる。すると二酸化炭素の吸収量が減少し、光合成速度が低下する。

④光合成に欠かせない葉の葉緑素の含量が低下しないようにチッソの肥切れに注意する。必要に応じて追肥や葉面散布を行なう。葉緑素をつくるために必要な肥料要素は、チッソとマグネシウムである。

2 土壌の乾燥に注意

右の条件のうち土壌の乾燥はとくに注意が必要で、光合成を最後まで停滞させないよう、土壌水分の管理に努める。ただし、灌水量が多すぎたり、チッソ肥料を施用しすぎると、枝葉が過繁茂になり、逆に光合成産物（貯蔵養分の元手）を多量に消費してしまう。36ページの表1-2の灌水量を目安に、土壌の種類により生育ステージに応じて適度な量を灌水する。

土壌pHの調整

1 高pHによるマンガン欠に注意

土壌pHは、土壌が酸性かアルカリ性かを示す土壌化学性の指標で、7.0が中性、それより高い側はアルカリ性、低い側が酸性となる。土壌pHは微量要素の吸収、土壌微生物の活動などに影響し、作物の安定生産にはその適正pHへの調整が欠かせない。

図8-12に示すように、土壌pHによって各肥料成分の土壌に対する溶解度（土壌中への溶け出し）や利用度合いは異なる。pHが高くアルカリ性側に傾くと、鉄、マンガン、ホウ素、亜鉛など微量要素の欠乏症が

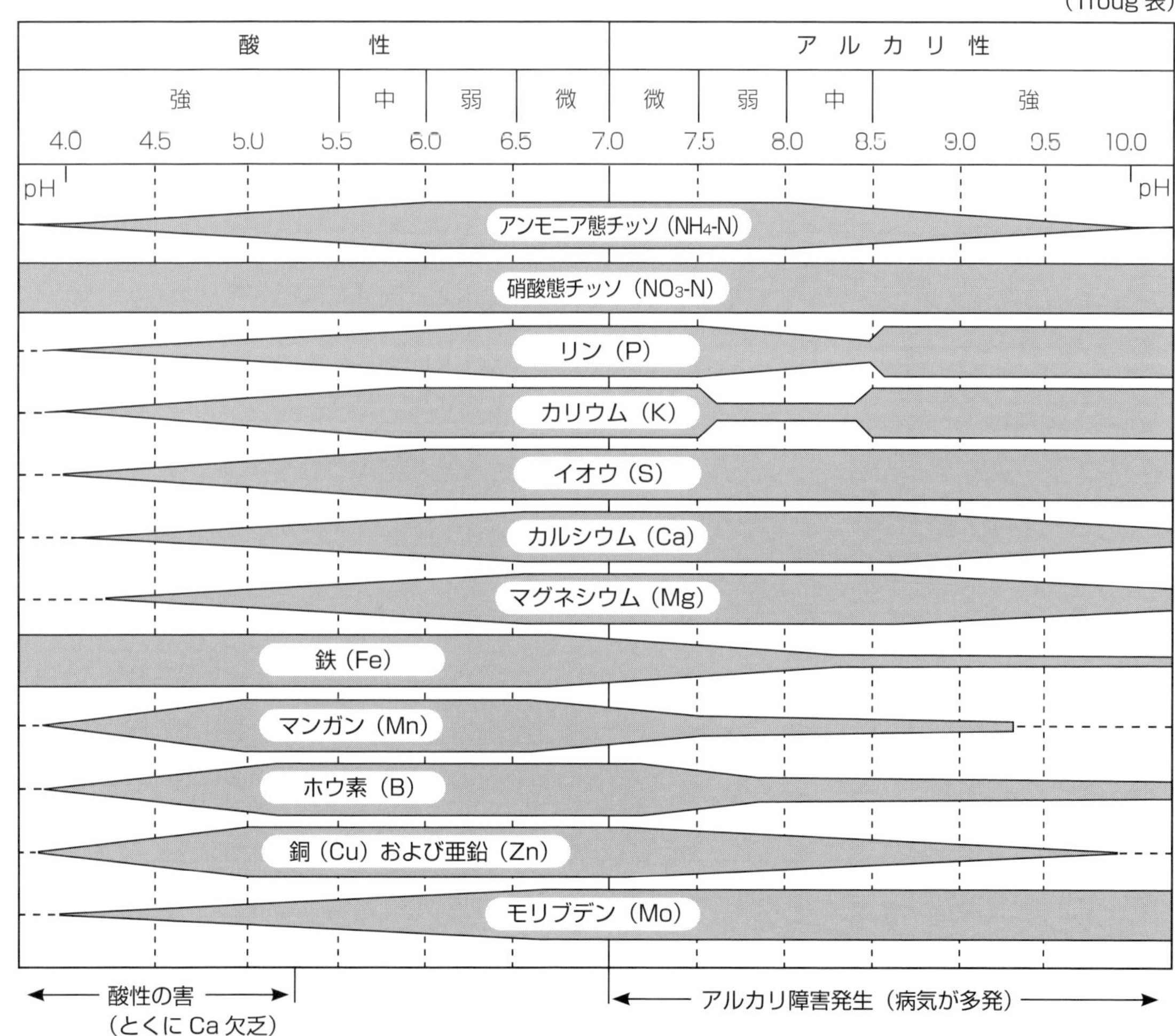

図8-12　土壌pHが各肥料成分の溶解度に及ぼす影響

図8-13　モモに多く見られるマンガンの欠乏症状
マンガンが欠乏すると葉脈間の色が抜け、玉張りも悪くなる

発生しやすく、土壌微生物では放線菌が増殖する。逆にpHが低く酸性側に傾くと、チッソ、リン酸、カリなど必須元素の欠乏症が発生しやすく、糸状菌が増殖してやはり土壌微生物のバランスが崩れる。

モモの適正pHは弱酸性側の5.5〜6.0である。このpHになるよう、春先のスタートを前に整えておきたい。

肥培管理をするなかでやっかいなのは、炭カルや苦土石灰など石灰質資材や家畜ふん堆肥の過剰施用による高pHの状態である。

家畜ふん堆肥の場合は、中に含まれる石灰分が原因となり、アルカリ側に傾くケースが多い。するとモモではマンガン欠乏症が発生する。葉脈間にクロロシス（黄化）が発現し（図8-13）、落蕾症を併発する場合がある。マンガンの溶解度は土壌pHに大きく左右され、酸性側に傾くほど可給態の（つまりモモ樹が利用できる）マンガン量は安定するが、アルカリ側に傾くと減少する。そのためマンガン欠乏症が発生しやすくなる。土壌pHを6以上に上げない肥培管理が大事である。毎年pHを確認し、それに合わせて使う石灰質資材を選択する（表8-4）。

2 土壌pHの調節法

上がってしまった土壌pHを下げるのはなかなか困難である。まず石灰質資材の施用を控えるべきだが、それだけではすぐに下がらない。pHが非常に高く、生育に障害が発生するような場合は、硫黄華や硫黄を主成分とする資材（ガッテンペーハー）の利用も検討する。

高い土壌pHを下げるより、上げるほうが容易である。土壌のpHは、硫安や塩安、流カリといった酸性肥料を多用したり、降雨によって土中のアルカリ分（石灰分）が流されたりすると下がって酸性に傾く。通常の栽培管理を行なうなかで、モモの適正pHを下回ることは少ないが、そうなった場合

表8-4　土壌酸度（pH）に応じた肥料資材の選択

資材名	土壌酸度（pH）			
	5.5以下（酸性）	5.5〜6.0（適正）	6.0〜6.5（弱酸性）	6.5以上（弱酸性〜アルカリ性）
石灰質資材	生石灰 消石灰	苦土石灰 タイニー	サンライム アズミン石灰	エスカル
苦土質資材	----	苦土石灰		硫酸マグネシウム
リン酸質資材	熔リン 腐植リン		苦土重焼リン	過石 重過石

石灰（カルシウム）資材は、土壌pHに合わせて資材を選択する

には次式（＊）から必要量を算出し、石灰質資材を補給する。pH5程度になり、早急に改良が必要な場合は、アルカリ度の高い生石灰や消石灰を用い、弱酸性で長期的に改良していく場合はアルカリ度の低い苦土石灰や、緩効性で、土壌中の中和反応が徐々に進む炭酸カルシウム（炭カル）系の資材を用いる（表8－4）。

しかし、くり返すがpHは上げるより下げるほうが困難である。土壌pHを上げる場合は、1年に多量に石灰質資材を施用して矯正するのではなく、数年かけて段階的に行なうようにする。

＊石灰質資材必要施用量の計算式

施用量（kg）＝不足量（mg／100 g）×作土の深さ（10cmを1）×仮比重×面積（10 aを1）÷資材の石灰含有量（%）

不足量は土壌診断をして、交換性石灰の基準値の下限から測定値を引いて求める。また、仮比重は次の値を用いる。

火山灰土：0.6～0.7、壌～埴質土：0.8～1.0、砂質土：1.0～1.2

有機質資材の施用効果は深層で発揮

モモの樹は、土壌の条件がよければ細根を含めて根が地中深くまで伸びる。根群域を拡大するには、根が容易に伸長できる有効土層を深くすることが必要である。それには有機質資材の施用と深耕の実施が有効である。深耕を行なうことで土壌の孔隙が多くなり、土壌硬度が下がる。また有効保水量も増大し、養分の供給能が高まることから、樹の生理作用は活発化する。乾燥や干ばつに対しての抵抗力が強まり樹体の栄養状態が安定するため、収量も増える。

1 タコツボ式深耕がベスト

深耕の方法には、樹冠下に縦横の溝を掘る条溝式、樹幹を中心に放射状に溝を掘る放射状式、樹冠下に筒状に溝を掘るタコツボ式がある。モモでは、地中に広がった根を必要以上に傷付けないようタコツボ式で深耕を行なう。トラクタや油圧ショベル（バックホー）に専用アタッチメントのディガーをつけて掘れば、効率的に作業できる

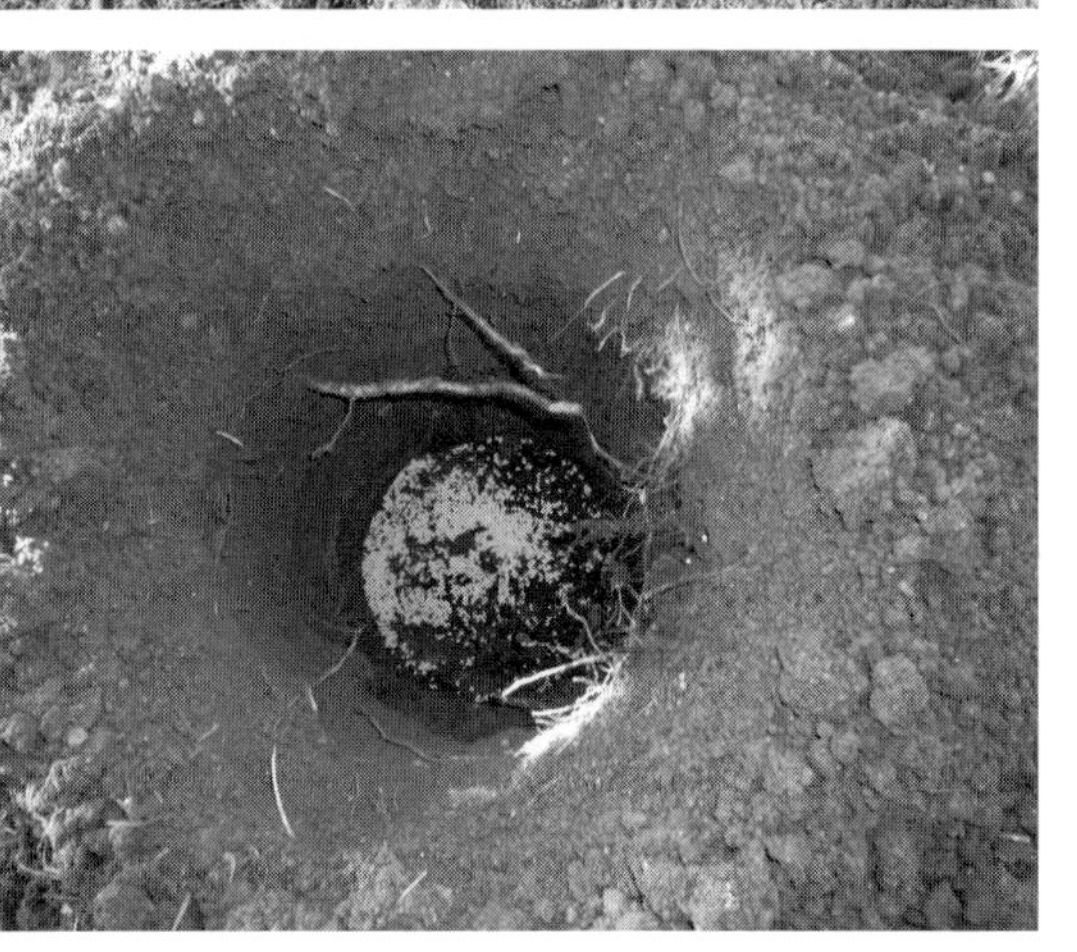

図8－14　油圧ショベルによるタコツボ深耕
ディガーの回転と逆回転を使い分ければ有機質資材や土壌改良材の撹拌と埋め戻しまで楽に行なえる（上）
深耕によって切断された根からは、深耕の効果によって細根が多く発生する（下）

（図8‐14）。穴の大きさは径30㎝、深さは60~80㎝を目安にする。

しかし、この方式を排水不良園で行なうと、穴に水が溜まりやすく根腐れの原因となる。排水不良園には、まず暗渠の排水対策を施工する（第1章参照）。

❷ 完熟の有機物資材を深層に

深耕で掘り上げた土は有機質資材を混ぜて埋め戻す。

1年間の腐植の消耗量は土質によって差はあるが、およそ100~200kgである。有機配合肥料+堆肥の施肥体系であれば、これは、毎年1tの有機物資材（「SSボーン」あるいはバーク堆肥や牛ふん堆肥など）を投入すれば、土質に関係なく十分補うことができる。その際、効果を引き出すには施用量とともに施用方法が大きく影響する。

有機質資材をマルチとして樹周りに敷いている事例も見られるが、抑草効果はあっても、根は徐々に表層の浅いところへ上がり、干ばつの被害を受けやすくなる。わずかなチッソにもすぐ反応してしまう弊害もある。せっかく有機質資材を施用しても、深層へ入れないと根が深くまで張らないばかりか、逆効果を招いてしまう。

タコツボ式で穴を掘って入れた「SSボーン」あるいはバーク堆肥や牛ふん堆肥などの有機質資材は、いずれの土壌条件でも5年以上腐植を維持できるので、少しずつ深耕する位置を変えながら1樹に対して4個の穴を掘り、4~5年で樹周りを一巡するように計画的に行なう（図8‐15）。

また、とくに土壌が硬く締まっている部分にはグロースガン（マックエンジニアリング㈱）を使って圧縮空気を土壌中に送り込み、土壌を膨軟にする方法もある。

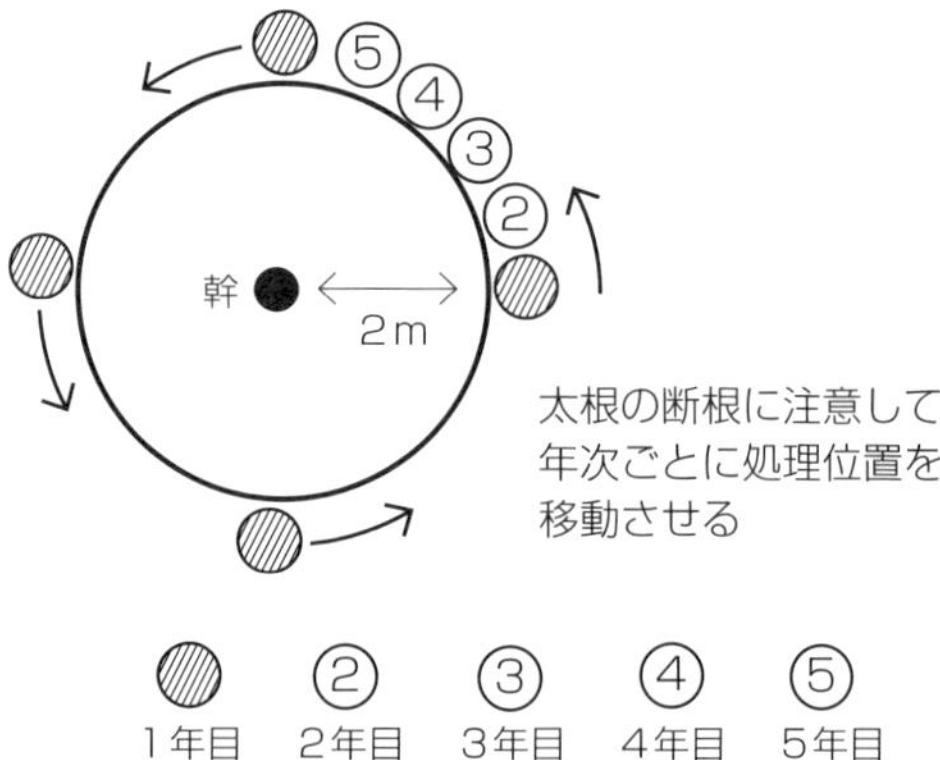

図8‐15　タコツボ深耕
一樹に対して5年で一巡するように穴の位置を移動する
機械があれば、深さ80㎝を目標に、最低でも50㎝を目安に深耕する

❸ 深耕は地温が高いうちにやっておく

深耕は、一般的に施肥した後の落葉期に行なわれることが多い。しかし深耕による断根とその後の秋根の再生を考えると、地温が高く維持されている早い時期に処理するほうが有利である。

地温が高く維持されている間に処理すると、切断面が枯れることなくカルス化し、根の再生は早まる。切断面が回復し、秋根を再生させておけば、養分吸収が活発になる秋季（10~11月）にはしっかり肥料分を吸収し、翌春の初期生育に非常によい栄養条件にすることができる。

4 秋根は春のスタートを早くする

モモの根は、年2回伸長する。3～6月にかけて伸長する春根と、9～11月にかけて伸長する秋根である（この秋根に礼肥を吸収させる）。春根と秋根では形態的にやや異なり、春根は細く1㎜以下の細根であるが、秋根は少しズングリしている。秋根には養水分の吸収のほか、翌年の貯蔵養分を保持する役割を併せもつ。

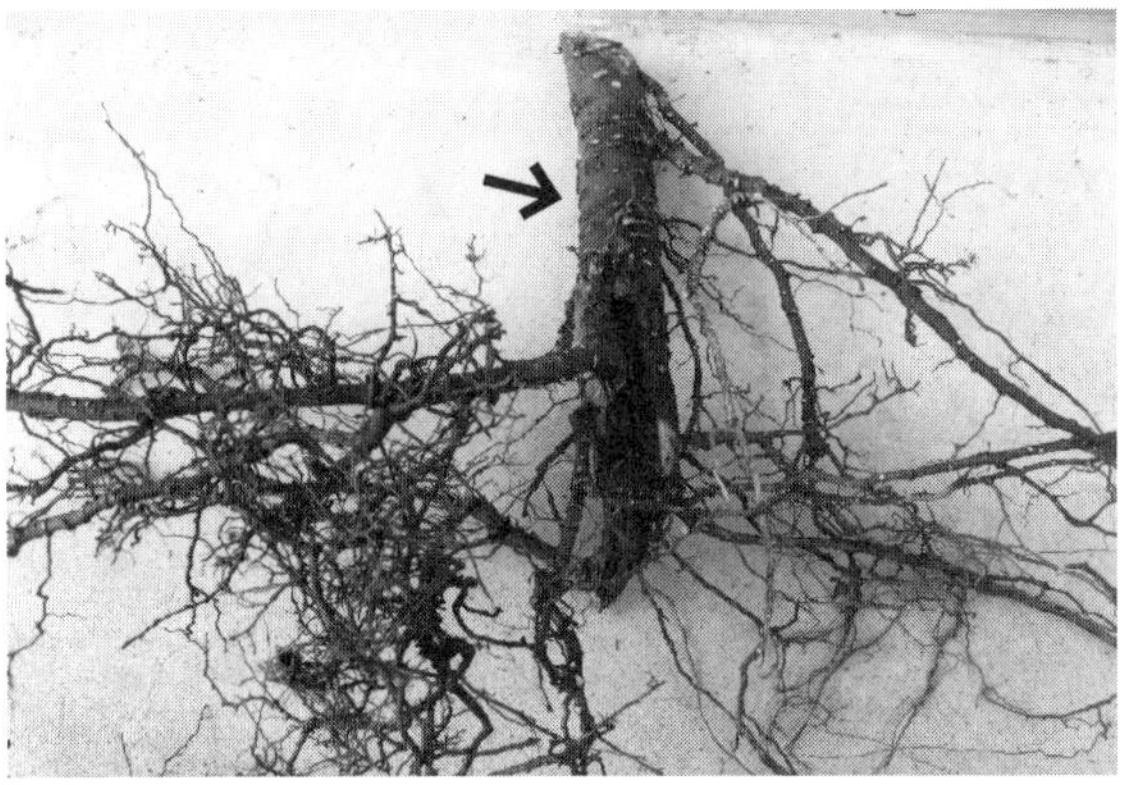

タコツボ深耕したところへ伸びた秋根（図8－16）の多くは、褐色にならず白根のまま冬を越し、翌春はすぐに肥料が吸収できる状態になっている。新根は春根も秋根も白く、養水分をよく吸収する働きがあるが、老化すると色が褐色になりコルク化する。老化した根は養水分の吸収力が衰える。老化は土壌中の酸素不足や湿害、土壌水分の不足による乾燥などで根が衰弱すると助長される。とくに夏は高温になり呼吸が盛んになるため消耗が激しく、根が衰弱して褐色化する。春のスタートをスムーズに進めるには、タコツボ深耕によって秋根の発根を促し、根量を十分に確保することが大切となる。

図8－16　タコツボ深耕により切断された根（矢印）から発生した多くの細根
タコツボ深耕と施用した有機質資材の効果によって新根の発生が促される

5 深耕が環境変化に強い樹をつくる

地上部と地下部の生育は、相互に密接に関連している。また、地上部と地下部のバランスが取れていることで生育は順調に進む。長年、不耕起で栽培を続けたり、大型機械の使用で土壌が転圧されると、地下部の根量が減って表層付近に根が集中する。その他にも有効土層下部の腐植の消耗などで深層部の根量、とくに養分吸収の主力である細根の量が減ると、地上部の環境変化に対処できなくなり、生理落果などの障害が起きやすくなる。

近年、発生が多いゲリラ豪雨や極端な高温乾燥に対しては、根の発達を促す抜本的な対策、すなわちタコツボ式深耕が有効となる。地下80㎝の根づくりが環境変化に強い樹をつくる。

草生栽培でも必要な中耕による地表面管理

平成元（1989）年に、全国で初めてモモの光センサー選果機が山梨県の旧西野農協（現JAこま野・西野支所）に導入された。その選果データを活用し、高糖度生産に向けての分析が行なわれた。

その結果、草生栽培の園から高糖度のモ

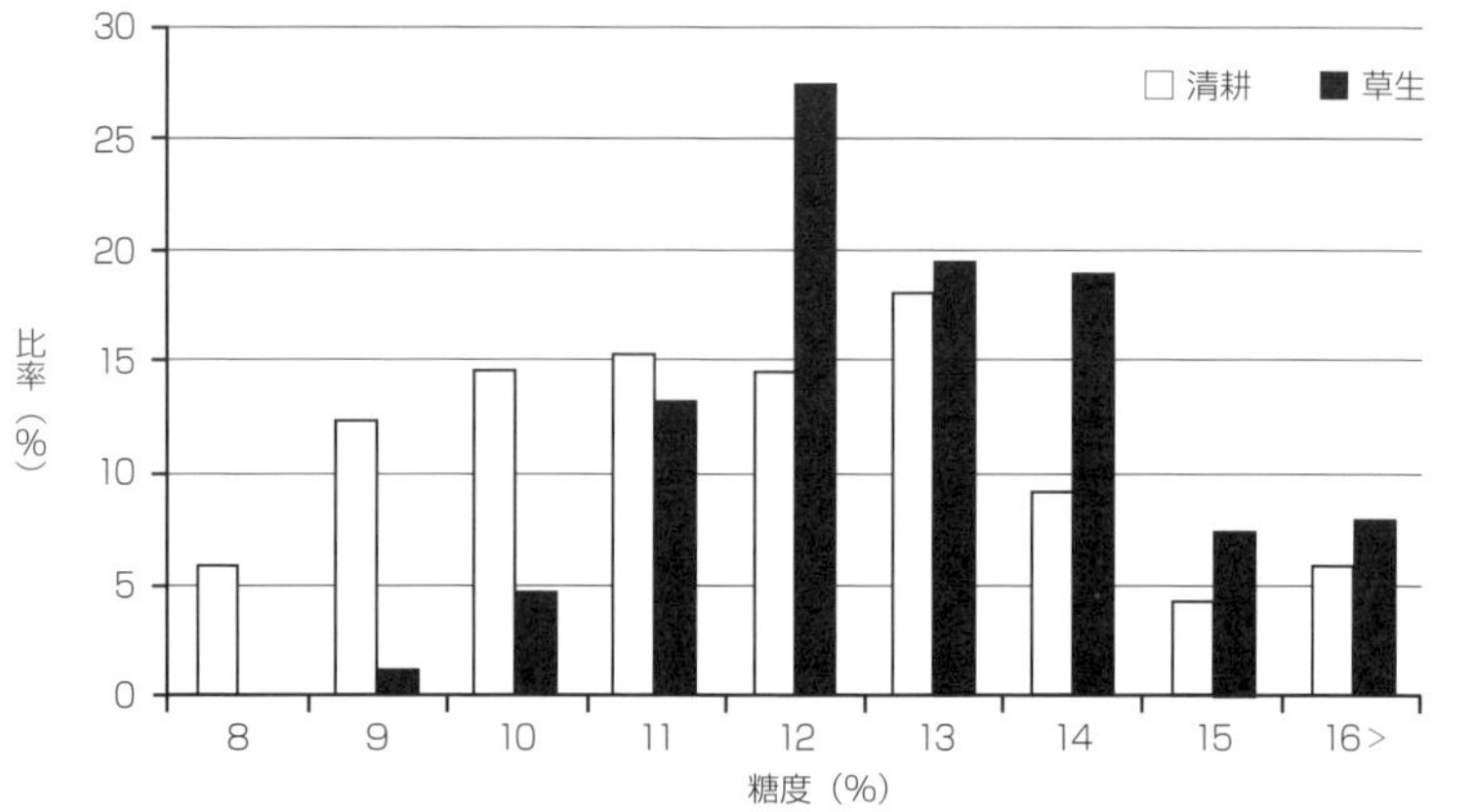

モが多く生産されていることがわかり（図8-17）、それ以降、山梨県では草生栽培を導入する農家が急速に増えた。

草生栽培には、物理性改善などの土壌改良効果がある。さらに降雨後の作業性向上、傾斜地の土壌流亡防止などの効果もある。ただし草生栽培の導入には、幼木期の養水分競合などいくつか注意するポイントがある。

図8-17　草生栽培と清耕栽培における果実の糖度分布の比較（山梨県、1993を改変）
長沢白鳳、9年生樹を各2樹供試し、果実をJA西野共選場の光センサー選果機で調査した。草生園の平均糖度は13.7度、清耕園の平均糖度は11.8度であった

1 導入のメリット・デメリット

●堆肥換算0.7〜1.2tの有機物量

草生栽培の長所は、土壌の物理的、化学的および生物的性質を改善する土づくりに役立つことで、自園内で有機物が供給できることがメリットとして挙げられる。園全面を雑草草生にした場合、堆肥換算で年間0.7〜1.2tに相当する量の有機物が生産される。

草生栽培を続けると土壌の腐植が増加し、団粒が形成されて土は軟らかくなり、雨水が地下によく浸透し、排水が良好になる土壌改良効果をもたらす。

●作業性も改善

間接的な効果として降雨後の作業性の向上と傾斜地の土壌流亡防止などの効果もある。清耕栽培の圃場は、降雨後に圃場がぬかるみ、長靴でないと圃場に入れず、脚立や反射マルチも泥で汚れてしまう。スピードスプレヤーなどは、ぬかるみにタイヤを取られて駆動輪が空回りするなど作業に支障が生じるが、草生栽培を導入すれば、これらの問題の多くが解決できる。

●養水分保持で着色向上

草生栽培では圃場に施した肥料は、いったん草が吸収する。モモの根域へは草に吸収されないぶんの肥料と刈り戻した草からの無機化した肥料が、年間通して供給される。土壌中から硝酸態チッソや石灰、マグネシウムといった養分の溶脱（流亡）も少なくなり、果実の着色向上など品質面で有利となる。

●土壌水分の安定化、核割れ減

また草が全面的に覆うことで土壌表面に直射光があたらず、過剰な乾燥が防げる。土壌団粒が形成されて透水性もよくなり、過湿状態を回避できる。

この結果、過乾、過湿といった土壌水分状態の急激な変動が少なくなり、核割れの軽減につながる。

●しかし幼木時は部分草生で

一方で、清耕栽培と比べた草生栽培の短所は、モモ樹と草生の草との間で養水分の競合が起こることである。とくに根が浅い幼木期は、全面草生にすると養分競合が起き、初期生育が劣る。このため、3年生くらいまでの幼木期は、根の張る範囲を敷きワラや刈り草マルチで覆う部分草生とし樹体の生育を優先する。

成木になると樹の根も深くなるので、全面草生に移行しても樹体生育への影響は少なくなる。

また草生栽培の下草は、種々の害虫の生息場所として好適で、その発生を助長する場合がある。

2 導入時に牧草播種、その後は雑草で

草生栽培に用いられる草種には、ケンタッキーブルーグラスやトールフェスクなどのイネ科牧草、ライムギ類、雑草などがあり、それぞれに特性がある。

牧草は刈り取れる草量が多く、土壌に還元される有機質量も多いが、モモ樹との土壌水分の競合が大きい。長く草生栽培を続けると雑草が侵入しやすい。雑草は牧草に比べると刈り取り量は少ないが、モモとの水分競合が少ない。年間を通した草生の維持も容易である。

ライムギ類は耐寒性が強く、おもに土壌への有機質還元を目的に、秋〜翌年の春にかけて播種される。

山梨県では、①雑草草生、②ライムギ類を利用した冬季のみの草生、③雑草草生とライムギ類を組み合わせた通年草生が多く行なわれている（表8-5）。山梨県果樹試験場では、1997年に新設した圃場にケンタッキーブルーグラスを導入したところ、地下茎の広がりも旺盛で密度も高く、改植や中耕しても回復が早かった（図8-18）。

ケンタッキーブルーグラスは、秋（9月下〜10月上）、もしくは春（3月中

表8-5　草生栽培に利用される草種と特性　（山梨県農産物施肥指導基準を一部改変）

種　類	草　丈	生産量	永続性	主目的	備　考
（イネ科）					
ライムギ	高	多	1年生	土壌改良	・刈り取りを遅らせ、生産量を確保する
エンバク	高	多	1年生	有機物の供給	・夏前から雑草草生に移行する
オーチャードグラス	高	中〜多	多年生	土壌改良	・生産量の期待できる牧草種
イタリアンライグラス	高	中〜多	1年生	有機物の供給	
ペレニアルライグラス	中	中	短年生	刈り取り軽減	・永続性、景観形成が期待できる牧草種
トールフェスク	中	中	多年生	景観形成	・表層に草の根が集中する傾向があるため、
ケンタッキーブルーグラス	低	少	多年生	雑草抑制	5年前後で深耕、更新する
（マメ科）					
シロクローバー	低	中	短〜多年生	地力増進 雑草抑制	・開花期のスリップス類、生育期間を通しての害虫の発生に注意する
ヘアリーベッチ	中	多	1年生	刈り取り軽減	・ほふく茎が脚立に巻きつき、作業性が低下することがある
雑　草	低〜中	中〜多	1〜多年生	土壌改良	・害虫の発生に注意する ・スギナ等、難防除雑草の優占に注意する

草丈：低（30㎝以下）、中（30〜50㎝）、高（50㎝以上）
生産量（地上乾物重・年間 kg/10a）：少（400㎏以下）、中（400〜600㎏）、多（600㎏以上）

図8-18　ケンタッキーブルーグラスの草生園
幹周囲（円内）には雑草が生えているが、この部分を清耕する場合もある

図8-19　主幹近くの地表面を走る太根（矢印）
太根があるかどうかで中耕するか否かを判断する

～4月下）に10ａあたり10～15kg播種し、その後、表層を浅く5cmほど中耕する。施肥はとくに必要ない。

年次を経るにしたがい雑草が入ってくるが、草丈30cmを目途に早めに刈り取りを行なえば、ケンタッキーブルーグラスを優先草種として長期間維持できる。

❸草生でも中耕は必要

近年はスピードスプレヤー（SS）や高所作業車など大型機械の利用頻度が高い。土壌が踏み硬められて締まりやすい傾向にある。

放っておくと年を追うごとに土壌は硬くなる。とくに粘土質土壌では、その傾向がより強く現われる。そうした園では中耕を行ない、土壌の中に空気を入れて根が働きやすい環境を整えてやる必要がある。

では、草生栽培を導入している園はどうか。一定の土壌改良効果が期待できる草生園なら、中耕や深耕など一切必要ないのだろうか。

●草生園でも必要な中耕・深耕

中耕の効果が及ぶ範囲は地表面（地下5～10cm程度）に限られるが、土壌物理性の改善に有効なので、草生園でもできれば堆肥施用後の休眠期に行ないたい。

ただし、長年不耕起で草生栽培を行なっている園は地表面近くに根が集まりやすくなっており、中耕による断根の影響を受けやすい。

中耕するか否かは、主幹から半径1～2mの地表面に太根があるかどうかで判断する（図8-19）。太根がある場合は断根の影響が大きいので中耕せず、太根のない部分にタコツボ式に穴を掘って有機物を投入し、深層への根域改善を進める（98ページ参照）。中耕する場合も断根による影響を防ぐため、影響の少ない10～11月に行なう。

最近は、草生栽培の普及にともない、肥料を土壌表面に施用し、深耕や中耕を行なわないことが増えてきた。そのような園では、土壌が徐々に硬くなり根の生育が制限され、十分に土壌養分を吸収できなくなる。

図8-20　トラクタで中耕したあとのモモ園
中耕は病害虫の越冬密度を下げ、耕種的防除としても有効

草生栽培の園でも中耕や深耕を行ない、土づくりを進める必要がある（図8-20）。

●年に一度は中耕して物理性を改善

　草生栽培による土壌物理性の改善効果は、短期的に見るとそれほど大きくない。草の根の伸長による通気性・排水性の改善には一定の時間がかかる。一方で、先ほど述べたように、SSや高所作業車による踏み固め圧力は草生をしていても避けられない。そのため、草生園でも年に一度は中耕・耕起や部分深耕による土壌改良を行ない、物理性を積極的に改善する。

　また、不耕起の期間が長くなると表層に集中した根の断根による影響が大きくなるので、できれば毎年中耕して、地表面近くに集まった根の改善を図る。

　このためには、ライムギやイタリアンライグラスなどの一年生の草種を用いている園は毎年播種する必要がある。ケンタッキーブルーグラスの場合は、中耕すると地下ほふく茎により回復するが、雑草と混在した状態になる。徐々に雑草草生に移行するが、ケンタッキーブルーグラスが優先した被度を保っている間は改めて播種する必要はない。

　また、耕種的防除の一つである中耕を年に一度行なうことで、土壌表面で越冬するシンクイムシなどの病害虫の密度を下げることができる。耕種的防除は効果が見えにくく、手間がかかる作業が多いため敬遠されがちであるが、病害虫被害が多発した園では一考する価値がある。

秋のうちに叩いておきたい病気と害虫

1 せん孔細菌病対策にボルドー液は不可欠

　せん孔細菌病は、細菌が雨や風で飛散し、9～11月に新梢の皮目や落葉痕から感染する。感染枝が越冬して翌春の伝染源となり、葉や枝、果実に発病する。発病すると葉や果実に穴があき、商品価値を損なうほか、落葉によって樹勢が低下し、生産性が低下する。前年の発生が多いと翌年も多発する傾向が強い。台風の発生数が多かったり、春季の高温、6～8月の低温・多雨が発生を助長する。

　防除対策のポイントは、耕種的対策を含めて総合的に防除することである。感染した枝の切除（図8-21）や薬剤防除で病原菌の密度を下げ、防風対策や果実への袋かけで発病に好適な環境を抑える。

　防風網は、園地の北側と西側に設置する。感染枝は摘蕾や摘果の作業をしているとき

図8-21　せん孔細菌病の春型病斑（スプリングキャンカー）
見つけたら、感染が広がらないように切って処分する

に感染枝を見つけたら感染部位より広めに切除し、枝を園外に持ち出し処分する。果実に袋掛けを行なう。

薬剤防除は、収穫後の9月中旬から10月上旬に2週間間隔で2回、ICボルドー412または412式ボルドー液を散布する。春防除は、開花前に同様のICボルドー412か412式ボルドー液を散布し、その後、落花直後から1週間おきに2～3回、集中的に薬剤防除を実施する（アグレプト液剤、マイコシールド）。この防除を数年継続して行なうと、発病を低く抑えることができる。

図8-22　カイガラムシに有効な毛糸トラップ
毛糸と枝の間にふ化幼虫が入り、毛糸を移動すると、オレンジ色の筋になっているので防除時期が判断できる

2 カイガラムシ類の密度を下げる

カイガラムシの防除は、休眠期と生育期の対策に分けられる。休眠期の防除では機械油乳剤を散布するが、多発してカイガラが重なるように寄生している状態では処理効果が劣るので、散布前に手袋・ブラシなどでカイガラをこすり落とす。

防除薬剤は晴天が続く時期に、風のない日を選んで丁寧に散布する。散布中も薬液の攪拌を行ない、二度がけしない。生育期の防除は一齢幼虫が対象なので、幼虫のふ化ピークの把握が重要となる。

カイガラが見られる枝に毛糸を巻いておくと、その下に幼虫が集まり、散布時期が判断できる（毛糸トラップ）。幼虫の発生を確認してからの適期に散布が可能となる（図8-22）。

休眠期防除の基本は石灰硫黄合剤

モモの休眠期防除では、縮葉病、ハダニ類、カイガラムシ類などの越冬病菌、越冬害虫が対象となる。

縮葉病の防除を目的とした防除薬剤には、チオノックフロアブル、石灰硫黄合剤がある。チオノックフロアブルの対象病害

図8-23　健全な木肌を保った成木の幹と主枝
休眠期の防除に石灰硫黄合剤を続けて使っていると、樹皮は健全できれいに維持される

図8-24　いぼ皮病に罹病した主枝
年数が経過すると樹皮表面がガサガサした状態になり、コスカシバが食入しやすくなる

は縮葉病だけであるが、石灰硫黄合剤は、縮葉病以外にカイガラムシ類、ハダニ類などの越冬病害虫に対する効果もある。

石灰硫黄合剤は、モモではおもに縮葉病の防除を目的に使用するが、胴枯病や黒星病に対しても防除効果がある。しかし、強アルカリ性のため、薬液が目にしみるなど扱いはやっかいである。また、薬液が金属部分に付着すると腐蝕する問題もある。噴霧機やスピードスプレヤーなども腐蝕しやすいので、使用したあとは水で十分洗浄する。圃場周辺に住宅地や駐車場、道路があると飛散の問題もあり、環境的にも使いにくくなっている。

このような多くのマイナス要素もあるが、石灰硫黄合剤を続けて使っていると、樹の肌は健全できれいに維持できる（図8-23）。

モモには、同じ核果類のスモモやオウトウにはない、いぼ皮病がある。いぼ皮病は老木になったり、樹が衰弱して枝幹が粗皮症状になると発病が多くなる（図8-24）。石灰硫黄合剤にいぼ皮病の防除効果はないが、この散布で樹を健全に保っておくことで間接的にその発生を抑えることができる。

実際編

第9章 おもな病害虫と生理障害

＊以下で案内している各農薬は、2016年8月31日現在で登録のあるものである。なお、農薬の登録・失効はしばしば変更されるので、実際の使用にあたってはそれぞれのラベルをよく確認してください。

主要病害の防除ポイント

1 縮葉病

菌の胞子は、枝や芽の表面に付着して越冬しているため、休眠期の丁寧な薬剤散布で防除する。薬剤散布は無風の日を選び、樹全体を洗い流すように掛けるのがコツである。さらに散布後、晴天が続くと防除効果は高まる。散布時期は休眠期（12～2月中旬）に行なう。発病（図9－1）してからの薬剤防除は効果がない。

薬剤は石灰硫黄合剤7～10倍、またはチオノックフロアブル500倍などがある。散布後に降雨が続く場合は追加散布する。

2 灰星病

糸状菌による病害で、開花期および成熟期の降雨が発病を助長する。伝染源は地表面で越冬した菌核と、樹上越冬のミイラ果である。花腐れも果実への伝染源となる。花腐れ防除を徹底すれば果実の発生は少なくなる。収穫の2～3週間前の降雨日数や降雨量が多い年は多発する。病原菌の潜伏期間が短く、成熟した果実に感染すると1～2日で発病することから、防除は開花期と収穫前に重点をおく。降雨が多い場合は、薬剤散布の間隔をつめる。1本の樹に1個でも発病果があると、病原菌が雨や風で伝染し、次々に広がる。

発病した果実は見つけ次第、除去し、土中に埋める。また、被害果を触った手で次

図9－1　縮葉病の被害葉
新梢先端に出た火ぶくれ状の病斑

図9-3　せん孔細菌病が発病した果実
亀裂をもった病斑となり、ヤニも出る

図9-2　黒星病の被害果実

の収穫をしないよう注意する。

耕種的防除として樹上越冬のミイラ果を除去し、開花期と成熟期の薬剤散布によって防除する。防除は花腐れには開花前と落花直後に各1回、果実では収穫20日前～収穫期までに2回、灰星病に登録のある薬剤（巻末表参照）を散布する。耐性菌の出現を防ぐため、同一系統薬剤の連用は避け、系統の異なる薬剤をローテーション散布する。

3 黒星病

5月下旬、果面に淡緑色の小斑点を生じ、のちに黒色の病斑となる（図9‐2）。伝染源は前年の結果枝上の越冬病斑である。果実の発病は6月上旬から認められ、その後、7月上中旬まで急増する。本病の潜伏期間は約1カ月であることから、5月上旬から6月上中旬が主な感染期間となり、重点防除が必要な時期となる。

休眠期防除では越冬源の胞子形成を抑制する石灰硫黄合剤20倍を散布する。耕種的防除として摘果後に残った果梗を冬季せん定で丁寧に取り除く。果実への感染を防ぐため、防除したらできるだけ早く袋掛けを行なう。防除は、同一系統の薬剤に片寄らないよう、系統の異なる薬剤をローテーション散布する（巻末表参照）。

4 せん孔細菌病

特効薬がなく、いったん発病すると防除が困難となる（図9‐3）。常習地帯ではとくに注意したい病気である。防除のコツはいかに細菌の越冬密度を低くして、生育期の発生を抑えるかにある。薬剤防除だけでなく、発病が少なくなる環境づくりが大切である。細菌は雨水によって運ばれ、傷口や気孔から侵入する。このため、スプリンクラーの水が直接樹にあたらないようにする。風あたりの強い園では防風対策を行なうなどの注意が必要である。

第一次伝染源となる紫黒色の春型枝病斑は、展葉期に葉の病斑付近の結果枝を調べると見つけやすい（104ページ図8‐21）。

葉や果実に感染するので、見つけ次第、せん除する。被害果実は摘果時に除去し、有袋で栽培する品種は袋掛けをできるだけ早めに行なう。

難防除の細菌病であるため、発生園では年間を通して体系的な防除を行なう。越冬菌の密度を下げるため、9月中旬～10月上旬に2週間間隔で2回、4-12式ボルドー液、またはICボルドー412を30倍で散布する。

また、初期感染の防止を図るため、発芽前（花弁が見え始める頃まで）に、4-12式ボルドー液、またはICボルドー412を30倍で散布する。伝染源となる春型病斑（スプリングキャンカー）、枯れ枝は早期に除去する。落花直後から1週間間隔で2～3回、アグレプト液剤・水和剤1000倍（収穫60日前まで／2回以内）、またはマイコシールド1500倍（収穫21日前まで／5回以内）を散布する。収穫前日数や周囲への飛散に注意する。

主要害虫の防除ポイント

❶ モモハモグリガ

年6～7回発生し、成虫態で越冬する。ふ化幼虫は葉の組織内を輪紋上に食害し（図9-4）、多発すると早期落葉につながり、果実肥大の抑制、樹勢低下に影響する。技術指導機関が提供する成虫の発生盛期（産卵期）に合わせて防除するのがポイントで、防除の成否はその後の発生量を左右する。また収穫後の園は管理がおろそかになるため、発生が多くなる傾向がある。

図9-4　モモハモグリガの葉への食入加害

防除薬剤には、モスピラン顆粒水溶剤4000倍、カスケード乳剤4000倍、サムコルフロアブル10の5000倍、スプラサイド水和剤1500倍などがある。収穫後の発生にも注意し、越冬密度を減らすため、9月上旬にスプラサイド水和剤でウメシロカイガラムシと併せて防除する。

❷ リンゴコカクモンハマキ

年3～4回発生する。おもに3齢幼虫で越冬する。小枝の分岐部、割れ目、粗皮の下、枯れ葉の接触部などにマユをつくる。被害は越冬後の幼虫による新芽、花弁の食害、幼果期～成熟期の葉のつづりと食害、また果実表面の食害である。年により、幼虫の発生時期が多少ずれるので発生時期に注意する。

防除薬剤はフェニックスフロアブル

4000倍、サムコルフロアブル10の5000倍などが有効である。

3 アブラムシ類

カワリコブアブラムシの被害葉は裏側に向かって縦に巻き込む。モモアカアブラムシの場合は新梢の先端葉が著しく萎縮する

図9-5　アブラムシの発生で葉を著しく巻き込んだ新梢先端の被害

（図9-5）。両種とも早春から発生し、葉を巻いてからでは防除が困難となるので早めに対処する。合成ピレスロイド剤では効果が劣り、アドマイヤー水和剤2000倍、モスピラン顆粒水和剤4000倍などを用いる。

4 ハダニ類

年10回程度発生する。樹皮、落葉、縄の結び目などに成虫態で越冬する。寄生された被害葉は葉緑素が吸収され、かすり状になって、次第に葉全体が白化する。高温、乾燥状態が続くと急激に発生が増加する。例年、梅雨明け以降に多発する。散布むらが発生源となるので丁寧に散布する。風通しをよくするため、徒長枝、交差している枝は早期に除去する。

防除は梅雨明け前後に重点をおく。防除薬剤はカネマイトフロアブル1500倍、サンマイト水和剤1500倍、コロマイト乳剤1000倍などがある。ただし、同一薬剤、同一系統薬剤は連用しない。

5 モモシンクイガ

地域によって発生パターンが異なるのでふ化盛期を確実に把握して、薬剤散布時期を決定する。ほとんどの地域はナシヒメシンクイと同時防除がなされる。合成ピレスロイド剤は防除効果が高いが、リサージェンスを起こしやすいので、少発生のときは他の薬剤を使う。

交信攪乱用性フェロモン剤（交尾を阻害し害虫の密度を抑制する。薬剤自体に殺虫効果はない）を、交尾前の4月中旬～下旬に10aあたり150本設置する。

ただし、この方法は広域で実施しないと十分な効果が得られない。処理面積が広いほど効果が安定する。また、風の影響を受けやすい小面積の孤立した園地や傾斜地は不利な条件となることを認識しておく必要がある。

幼虫が土中にマユをつくって越冬するので、休眠期の中耕は密度を下げる耕種的防除として有効である。また、有袋で栽培すれば被害を防ぐことができる。できるだけ

早く袋掛けを行ない、除袋直後の防除も有効である。

6 モモサビダニ

成虫は0.2㎜前後で、ハダニ類よりさらに小さく、肉眼では見えない。花芽りん片の間で成虫態により越冬する。寄生すると被害葉は表面が銀白色となる。発生は5月下旬より認められ、盛夏期の8月上中旬から急激に増加する。9月下旬より減少するが、10月まで見られる。果実への寄生は認められない。

防除は梅雨明け以降から行なう。防除薬剤はコロマイト乳剤1000倍、サンマイト水和剤1500倍、カネマイトフロアブル1000倍、ハチハチフロアブル2000倍などがある。

7 ミカンキイロアザミウマ

花粉を餌として増殖するため、圃場周辺の雑草は除去し、圃場衛生に努める。成熟期間際に縫合線上にカスリ症状の被害が出る。

除袋直後の着色始め期に防除する。薬剤防除は、スピノエースフロアブル6000倍、アーデントフロアブル2000倍を用いる。

8 コスカシバ

樹勢衰弱や日焼けなどで樹の肌が荒れると、ふ化した幼虫が樹皮下の形成層に食入する被害が多くなる。発生は年1回である。幼虫が樹皮下で越冬し、春季に活動を始める。ふんを出しながら形成層を食害する。5月に入ると蛹になり始め、6〜7月から成虫が出始める。

山梨県では6月から10月まで長期にわたって成虫が出る。幼虫の捕殺は10〜11月、または3〜4月に、樹脂やふんを目あてに、小刀や先の尖った針金などで幼虫を探り出して捕殺する。

薬剤防除は10〜11月中旬にトラサイドA乳剤もしくはラビキラー乳剤の200倍液に、浸透性展着剤を添加し、丁寧に枝幹に散布する。

9 カイガラムシ類（おもにウメシロカイガラムシ）

樹上で成虫越冬するため、いったん密度が高まると数年多発する。寄生が多いと樹

図9-6　ウメシロカイガラムシの寄生加害で発生した果実の赤い斑点

勢が衰え、翌年は発芽不良や枝が枯死する。着色期の果実に幼虫が寄生すると着色異常を生じる（図9-6）。休眠期にブラシなどを使って成虫をそぎ落とすことも有効な耕種的防除となる。

　山梨では年3回発生する。休眠期のマシン油乳剤による防除効果が高い。生育期の防除時期は幼虫発生期にあたる4月末～5月上旬、7月、9月であるが、もっとも重要な時期は4月末～5月上旬である。カイガラ形成後の薬剤散布では効果が劣る。カイガラの見られる枝に毛糸を巻き付けておくと、その下に幼虫が集まり、散布時期を決める目安となる。

　薬剤防除は、生育期にアプロードエースフロアブル１０００倍で防除するが、気象条件や散布むらなどにより十分な効果が得られない場合もある。収穫後も9月のスプラサイド水和剤１５００倍、休眠期のマシン油乳剤25～50倍により、防除を徹底する。

おもな要素欠乏・過剰症の診断と対策

1 マンガン欠乏症

①症状　展葉7～8枚頃（5月上旬）から葉全体が白みを帯びて黄白色化する。その後次第に葉脈間のクロロシスが明瞭となる（96ページ図8-13）。6月上旬以降は鮮明な縞模様が現われるが、梅雨期と秋期には症状が回復する。

　幼木にマンガン欠乏が発生すると樹勢が低下する。また、成木でも数年発生が続くと新梢伸長が鈍り、樹勢は低下する。光合成能が低下するので、果実の着色、玉張りは不良となる。

②原因　マンガンは、土壌pHが6.2以上になると水に溶けにくくなる。pHが高い（アルカリ側に傾く）ほど樹体内への吸収が妨げられ、欠乏症が発生する。

　土壌の緩衝力が弱い砂質土壌やマンガン流亡が進んでいる水田転換園では、石灰質肥料の影響が現われやすく、マンガン欠乏が発生しやすい。

③対策　土壌pHを6以上に上げないように肥培管理する。改植時や新植時にpHを下げる資材を植え穴に処理して、上昇を抑える。応急的な対策としては、硫酸マンガンの0.3～0.5％液を10aあたり２００～３００ℓ、10日間隔で2回葉面散布すると効果が高い。ただし、樹勢が弱いと、薬害が発生することもある。

　土壌への施用も有効で、1樹あたり1～2kgを施用する。土壌pHが高いと効果が持続しないので、1～2年おきの施用が必要となる。

2 落蕾症（ホウ素過剰症）

①症状　開花直前に一部の花蕾が枯死、落花する（図9-7）。枯死しないで開花しても容易に落花する。花弁の形状は細長くなり、花弁の色は赤みが消えて薄い。また、花柱（雌しべ）が長くなる傾向がある。「浅間白桃」に発生が多い。「一宮白桃」「川中島白桃」など花粉がない白桃系の品種にお

図9-7　落蕾症の症状
落蕾症を発生した樹（左）と健全樹（右）

いて発生が多い。花粉のある「白鳳」「あかつき」には発生が認められない。

②原因　土壌中にホウ素が過剰に存在し、樹がホウ素を過剰に吸収すると発生する。モモ樹がマンガン欠乏を併発している場合に、落蕾症の発生は激化する。老木などの樹勢の低下した樹で発生しやすい。また、冬季にきびしい低温に遭遇したときや、生育期と休眠期を通じて乾燥したときに発生しやすい。

③対策　一度、過剰に施用したホウ素に対する有効な対策はない。年間に施用する肥料の種類をよく検討し、できるだけホウ素を含まない肥料を用いる。土壌中のホウ素を多く吸収するアブラナ科の作物（クリーニング作物）を栽培し、園外へ持ち出す方法も有効である。樹勢が弱い樹については、尿素の0.5%液を10aあたり200ℓ葉面散布して樹勢の回復を図る。

おもな生理障害と対策

1 核割れ果

核割れ果の発生は、発生の時期により前期と後期に分けられる。

前期の核割れは、満開20～40日後に見られ、細胞分裂期から硬核期にかけて、幼果が急激に肥大した場合に多く発生する。この時期は、核がまだ硬化していないため、核割れしてもふたたび癒合することが多いが、一度組織が断裂しているので果頂部の尖りや変形、着色障害などの発生原因となることが多い。前期に核割れした果実は、後期にふたたび核割れしやすい。

後期の核割れは、核の硬化が始まり、弾力を失ってから起こる。「日川白鳳」など早生種に多く見られるが、これは早生種が核（内果皮）の硬化が完了しないうちに第3肥大期に入るためで、果肉（中果皮）の急激な肥大に核が引っ張られるかたちで歪みが生じ、核割れとなる。

核割れを防ぐには、細胞分裂期である第1肥大期や、核の硬核が進む第2肥大期に急激に果実を肥大させないことが重要である。また強摘果で急激に肥大した場合や、土壌が乾燥した状態で過剰に灌水して土壌水分を急激に変化させることで発生する。

摘果は、満開後20日頃から硬核期（満開45日頃）までに「予備摘果」「仕上げ摘果」「見直し摘果」に分けて、果実の肥大や樹勢を見ながら段階を経て徐々に行なう。

第1肥大期から第2肥大期にかけて土壌水分が急激に変化して、過乾、過湿とならないよう定期的な灌水に努める。

2 双胚果

モモの胚珠は、もともと核の中に2個あり、通常では発達の過程で1個が退化し、1個になる。退化せずに2個とも正常に発達したのが双胚果である。双胚果が発生する原因としては、前年の秋から開花までの栄養条件的なものと、開花期前後の低夜温の気象的な要因が挙げられている。双胚果は品種によって発生量が異なり、「白鳳」に多く発生する。また同一品種でも年次間差や樹による個体差が大きい。

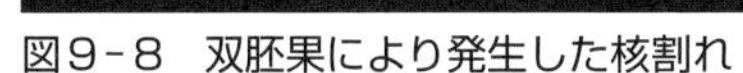

図9-8　双胚果により発生した核割れ

双胚果の対策としては、仕上げ摘果（満開後50日頃）の時点で発生の多い品種は20％程度多めに着果させておき、双胚果が容易に確認できる見直し摘果で除去する。

3 果肉障害

モモの果肉障害は、モモ果実の内部が褐変したり、水浸状に変化する障害である。また、岡山県を中心にした西日本の地域では「赤肉症」と呼ばれる障害も出ている。障害の発生した果実は食味が劣るため問題となる。

これまでの試験の結果から、果肉障害には、発生の多い品種と少ない品種がある（85ページ表7-2参照）。高糖度で、果実硬度が低下し、軟化が進むと発生が多くなる傾向がある。品種特性を超えるような大玉生産は、果肉障害の発生を助長するので、着果管理を適正に行ない、果実の大きさを適正範囲内に保つように管理する。

また、収穫始めからの日数が経過するにしたがい果肉障害の発生は増加する。障害果を増やさないため、適熟硬度に達した果実は随時収穫する。とくに、「嶺鳳」や「川中島白桃」のように樹上での日持ちのよい品種では、長期間果実硬度が維持されつつ果実の成熟が進行するため、収穫期の後半では収穫作業を毎日実施し、適熟硬度に達した果実は速やかに収穫する。

果肉障害の発生実態については徐々に明らかになってきているが、根本的な発生要因についてはまだ不明な部分も多い。

最近では岡山大学を代表とする共同研究で、①音響振動法を用いた果肉障害の非破壊検出、②樹体水分を抑制できる透湿性マルチシート、③高温を抑制できる機能性果実袋などの成果を「モモの果肉障害対策技術マニュアル」としてまとめている。

詳しくは（https//www.okayama-ac.jp/user/agr/release/release_id2.html）で見ることができる。

<table>
<tr><th rowspan="2">回数</th><th rowspan="2">散布時期</th><th rowspan="2">病害虫の発生状況</th><th colspan="2">薬剤と調合量（100ℓあたり）</th><th rowspan="2">散布量
（10aあたり）
ℓ</th></tr>
<tr><th>早生種</th><th>中生種</th></tr>
<tr><td>❼</td><td>6月中旬</td><td>灰星病、黒星病の発生が次第に多くなる
シンクイムシ類、ハマキムシ類の被害が多くなる。モモハモグリガが多発する</td><td>果実腐敗病防除剤（無袋）
――――別表（D）
加用サムコルフロアブル10
5,000倍――20cc
展着剤――――別表</td><td>サムコルフロアブル10
5,000倍―20cc
展着剤――――別表</td><td>500</td></tr>
<tr><td>❽</td><td>6月下旬</td><td rowspan="2">灰星病、黒星病の発生が続く
カメムシ類、シンクイムシ類、ハマキムシ類の被害が多くなる
モモハモグリガが多発する
ミカンキイロアザミウマの果実寄生が多くなる
カイガラムシ類、ハダニ類の発生が多くなる</td><td>（着色始め）
果実腐敗病防除剤
――別表（AまたはB）
加用スピノエースフロアブル
4,000倍――25cc
または
アーデントフロアブル
2,000倍――50cc
展着剤――――別表</td><td>果実腐敗病防除剤（無袋）
――――別表（D）
加用ダーズバンDF
3,000倍――33g
展着剤――――別表</td><td>500</td></tr>
<tr><td>❾</td><td>7月上旬〜中旬</td><td>―</td><td>（着色始め）
果実腐敗病防除剤
――別表（AまたはB）
加用スピノエースフロアブル
4,000倍――25cc
または
アーデントフロアブル
2,000倍――50cc
展着剤――――別表</td><td>500</td></tr>
<tr><td colspan="6">梅雨明け後は、ハダニ類の発生が多くなるので、この時期に殺ダニ剤を散布する
収穫後も、モモハモグリガの発生に注意し、防除を徹底する</td></tr>
<tr><td>❿</td><td>9月上旬</td><td>せん孔細菌病の伝染期
カイガラムシ類、モモハモグリガが多発する
コスカシバの産卵期</td><td colspan="2">スプラサイド水和剤
1,500倍――66g</td><td>500</td></tr>
</table>

〈注意事項〉

❶①せん孔細菌病の発生園では、花弁が見え始める頃までにICボルドー412　30倍（3.3kg）または、4-12式ボルドー液を散布する。
②カイガラムシ類対策として、2月上旬までにスプレーオイルまたは、トモノールSのいずれか50倍（2ℓ）を用いる。ウメシロカイガラムシが多い場合は、樹勢に注意しながら、30〜40倍（3.3〜2.5ℓ）を用いてもよい。
・石灰硫黄合剤とは混用しない。石灰硫黄合剤散布後1週間以上あける。
・チオノックと混用する場合は、機械油を先に溶かしてからチオノックを加用する。
・使用にあたっては、各指導機関の指導を受け、散布中も十分撹拌を行ない、二度がけはしない。また、ブドウ、ウメには薬害が発生するため隣接園では使用しない。
③カイガラムシ類は、こすり落とすとともに生育期間中の防除を徹底する。
❸①せん孔細菌病の春型病斑のある枝は、伝染源となるので見つけ次第除去する。
②せん孔細菌病の発生園では、落果直後からアグレプト液剤・水和剤1,000倍（100cc・100g、収穫60日前まで/2回以内）または、マイコシールド1,500倍（66g、収穫21日前まで/5回以内）を1週間おきに2〜3回集中的に散布する。
❿①せん孔細菌病の発生地域では、9月中旬〜10月上旬の間に2週間間隔で2回、ICボルドー412 30倍（3.3kg）または、4-12式ボルドー液を用いる。

モモ 防除暦（早生種、中生種）

平成２９年　果樹病害虫防除暦
（JA 全農やまなし編より抜粋）

回数	散布時期	病害虫の発生状況	薬剤と調合量（100ℓあたり）	散布量（10aあたり）ℓ
カイガラムシ類対策として、機械油乳剤を用いる（注意事項②、③参照）				
❶	発芽前（12月～2月上旬）	越冬病菌・害虫 縮葉病 せん孔細菌病（注意事項①参照） カイガラムシ類（注意事項②、③参照） ハダニ類	石灰硫黄合剤　20倍――5ℓ または チオノックフロアブル　500倍――200cc 展着剤――別表* （＊117ページ参照）	400
❷	開花直前（4月上旬）	灰星病（花腐れ）の伝染が始まる アブラムシ類、ハマキムシ類、モモハモグリガが発生し始める	アディオン乳剤　3,000倍――33cc 展着剤――別表	400
❸	落花期（4月中旬～下旬）	せん孔細菌病（注意事項①、②参照）、うどんこ病の伝染が始まる 灰星病（花腐れ）の発生期。カメムシ類、アブラムシ類、シンクイムシ類、モモハモグリガ、ハマキムシ類が発生する	果実腐敗病防除剤――別表（BまたはD） 加用モスピラン顆粒水溶剤　2,000倍――50g 展着剤――別表	400
❹	がく割れ後（5月上旬）	せん孔細菌病、黒星病、うどんこ病の伝染が始まる ウメシロカイガラムシの幼虫が発生する	黒星病防除剤――別表（E） 加用アプロードフロアブル 1,000倍 100cc またはアプロードエースフロアブル 1,000倍 100cc （使用回数 1 回） 展着剤――別表	400
❺	幼果期（5月中旬～下旬）	せん孔細菌病、黒星病、うどんこ病の伝染期 モモハモグリガ、ハマキムシ類の成虫発生期 アブラムシ類、カメムシ類、シンクイムシ類、ウメシロカイガラムシの幼虫が発生する	黒星病防除剤――別表（A） 加用カスケード乳剤　3,000倍――33cc 展着剤――別表 ※モモハモグリガの成虫の発生盛期に散布	500
ナシマルカイガラムシの発生園では、5月下旬にアプロードフロアブル 1,000倍（100cc）を用いる ただし、収穫14日前までに散布する				
❻	袋掛け前（5月下旬～6月上旬）	せん孔細菌病、黒星病、すす斑病の伝染が多くなる モモハモグリガ、ナシマルカイガラムシの幼虫発生期 シンクイムシ類の被害が多くなる。 ハダニ類、モモサビダニ、ハマキムシ類の発生期	黒星病防除剤――別表（A） 加用ダーズバン DF　3,000倍――33g 展着剤――別表	500

〈黒星病・果実腐敗病防除剤〉

グループ	薬剤名	希釈倍数	収穫前日数	使用限度	100ℓあたりの薬量	黒星病	灰星病	ホモプシス
A	インダーフロアブル	5,000倍	前日まで	4回	20cc	○	○	×
	オンリーワンフロアブル	2,000倍	前日まで	3回	50cc	○	○	○
	アンビルフロアブル	1,000倍	前日まで	3回	100cc	○	○	×
	オーシャインフロアブル	2,000倍	前日まで	3回	50cc	○	○	○
B	ベルクートフロアブル	1,000倍	前日まで	3回	100cc	○	○	○
	ベルクート水和剤	2,000倍	前日まで		50g	○	○	○
C	イオウフロアブル	500倍	－	－	200cc	○	×	×
D	アミスター 10 フロアブル	1,000倍	前日まで	3回	100cc	○	○	○
	ストロビードライフロアブル	2,000倍	前日まで		50g	○	○	×
E	フルーツセイバー	1,500倍	前日まで	3回	66cc	○	○	×

・イオウフロアブルは、日中の高温時には散布を避ける。また、ゆうぞらには、薬害が生じるので使用しない。

回数	散布時期	病害虫の発生状況	薬剤と調合量（100ℓあたり）	散布量（10aあたり）ℓ
袋掛け（袋のトメ金はしっかり）				
❼	6月中旬	**せん孔細菌病の発生期** モモハモグリガ、シンクイムシ類、ハマキムシ類の被害が多くなる	サムコルフロアブル10　5,000倍――20cc	500
❽	7月上旬～中旬	モモハモグリガ、カイガラムシ類、シンクイムシ類、ハマキムシ類が多発する	ダーズバンDF　3,000倍――33g 加用殺ダニ剤――別表	500
❾	除袋直後（7月中旬～8月上旬）	灰星病が多くなる ホモプシス腐敗病の伝染が多くなる シンクイムシ類、ハマキムシ類、ミカンキイロアザミウマの果実寄生が多くなる ハダニ類の多発期	果実腐敗病防除剤――別表（AまたはB） 加用スピノエースフロアブル　4,000倍――25cc または アーデントフロアブル　2,000倍――50cc 展着剤――別表	500
❿	9月上旬	**せん孔細菌病の伝染期** カイガラムシ類、モモハモグリガが多発する **コスカシバの産卵期**	スプラサイド水和剤　1,500倍――66g	500
せん孔細菌病の発生園では、収穫後の防除を徹底する（注意事項①参照）				

〈注意事項〉

❶①せん孔細菌病の発生園では、花弁が見え始める頃までにICボルドー412 30倍（3.3kg）または、4-12式ボルドー液を散布する。
②カイガラムシ類対策として、2月上旬までにスプレーオイルまたは、トモノールSのいずれか50倍（2ℓ）を用いる。ウメシロカイガラムシが多い場合は、樹勢に注意しながら、30～40倍（3.3～2.5ℓ）を用いてもよい。
・石灰硫黄合剤とは混用しない。石灰硫黄合剤散布後1週間以上あける。
・チオノックと混用する場合は、機械油を先に溶かしてからチオノックを加用する。
・使用にあたっては、各指導機関の指導を受け、散布中も十分撹拌を行ない、二度がけはしない。また、ブドウ、ウメには薬害が発生するため隣接園では使用しない。
③カイガラムシ類は、こすり落とすとともに生育期間中の防除を徹底する。
❸①せん孔細菌病の春型病斑のある枝は、伝染源となるので見つけ次第除去する。
②せん孔細菌病の発生園では、落花直後からアグレプト液剤・水和剤1,000倍（100cc・100g、収穫60日前まで/2回以内）または、マイコシールド1,500倍（66g、収穫21日前まで/5回以内）を1週間おきに2～3回集中的に散布する。
❼①せん孔細菌病の発生園では、デランフロアブル1,000倍（100cc）を用いる。
❿①せん孔細菌病の発生地域では、9月中旬～10月上旬の間に2週間間隔で2回、ICボルドー412 30倍（3.3kg）または、4-12式ボルドー液を用いる。

〈黒星病・果実腐敗病防除剤〉

グループ	薬剤名	希釈倍数	収穫前日数	使用限度	100ℓあたりの薬量	黒星病	灰星病	ホモプシス
A	インダーフロアブル	5,000倍	前日まで	4回	20cc	○	○	×
	オンリーワンフロアブル	2,000倍	前日まで	3回	50cc	○	○	○
	アンビルフロアブル	1,000倍	前日まで	3回	100cc	○	○	×
	オーシャインフロアブル	2,000倍	前日まで	3回	50cc	○	○	○
B	ベルクートフロアブル	1,000倍	前日まで	3回	100cc	○	○	○
	ベルクート水和剤	2,000倍	前日まで		50g	○	○	○
C	イオウフロアブル	500倍	－	－	200cc	○	×	×
D	アミスター10フロアブル	1,000倍	前日まで	3回	100cc	○	○	○
	ストロビードライフロアブル	2,000倍	前日まで		50g	○	○	×
E	フルーツセイバー	1,500倍	前日まで	3回	66cc	○	○	×

・イオウフロアブルは、日中の高温時には散布を避ける。また、ゆうぞらには、薬害が生じるので使用しない。

モモ 防除暦（晩生種）

平成２９年　果樹病害虫防除暦
（JA 全農やまなし編より抜粋）

回数	散布時期	病害虫の発生状況	薬剤と調合量（100ℓあたり）	散布量（10aあたり）ℓ
カイガラムシ類対策として、機械油乳剤を用いる（注意事項②、③参照）				
❶	発芽前（12月～2月上旬）	越冬病菌・害虫 縮葉病 せん孔細菌病 （注意事項①参照） カイガラムシ類 （注意事項②、③参照） ハダニ類	石灰硫黄合剤　20倍――5ℓ または チオノックフロアブル　500倍――200cc 展着剤――別表* （＊下表参照）	400
❷	開花直前（4月上旬）	灰星病（花腐れ）の伝染が始まる アブラムシ類、ハマキムシ類、モモハモグリガが発生し始める	アディオン乳剤　3,000倍――33cc 展着剤――別表	400
❸	落花期（4月中旬～下旬）	せん孔細菌病（注意事項①、②参照）、うどんこ病の伝染が始まる 灰星病（花腐れ）の発生期 カメムシ類、アブラムシ類、シンクイムシ類、モモハモグリガ、ハマキムシ類が発生する	果実腐敗病防除剤――別表（BまたはD） 加用モスピラン顆粒水溶剤　2,000倍――50g 展着剤――別表	400
❹	がく割れ後（5月上旬）	せん孔細菌病、黒星病、うどんこ病の伝染が始まる ウメシロカイガラムシの幼虫が発生する	黒星病防除剤――別表(E) 加用アプロードフロアブル　1,000倍――100cc またはアプロードエースフロアブル　1,000倍―100cc （使用回数1回） 展着剤――別表	400
❺	幼果期（5月中旬～下旬）	せん孔細菌病、黒星病、うどんこ病の伝染期 モモハモグリガ、ハマキムシ類の成虫発生期 アブラムシ類、カメムシ類、シンクイムシ類、ウメシロカイガラムシの幼虫が発生する	黒星病防除剤――別表（A） 加用カスケード乳剤　3,000倍――33cc 展着剤――別表 ※モモハモグリガの成虫の発生盛期に散布	500
ナシマルカイガラムシの発生園では、5月下旬にアプロードフロアブル 1,000倍（100cc）を用いる ただし、収穫14日前までに散布する				
❻	袋掛け直前（5月下旬～6月上旬）	せん孔細菌病、黒星病、すす斑病の伝染が多くなる モモハモグリガ、ナシマルカイガラムシの幼虫発生期 シンクイムシ類の被害が多くなる ハダニ類、モモサビダニ、ハマキムシ類の発生期	黒星病防除剤――別表（A） 加用ダーズバンDF　3,000倍――33g 展着剤――別表	500

〈展着剤の使用方法〉

（平成29年8月現在）

薬　剤	適用作物（農薬）	湿展性	浸透性	倍　率	100ℓあたりの使用量
アプローチBI	果樹（殺虫剤、殺菌剤）	○	◎	1,000	100cc
サントクテン40	果樹（殺菌剤）	◎	◎	5,000	20cc
サントクテン80	果樹（殺虫剤、殺菌剤）	◎	◎	10,000	10cc
ハイテンパワー	果樹（殺虫剤、殺菌剤）	○～◎	○	5,000	20cc
ラビデン3S	果樹（殺虫剤、殺菌剤、植物成長調整剤）	○～◎	○	5,000	20cc
マイリノー	果樹（殺虫剤、殺菌剤）	○	△	10,000	10cc
ブレイクスルー	果樹（殺虫剤、殺菌剤）	◎	△～○	10,000	10cc

モモ苗木の購入先

	社　名	郵便番号	住　所	電　話	FAX
1	㈱天香園	999-3742	山形県東根市中島通り1丁目34号	0237-48-1231	0237-48-1170
2	㈲菊池園芸	999-2263	山形県南陽市萩生田955	0238-43-5034	0238-43-2590
3	㈱イシドウ	994-0053	山形県天童市上荻野戸982-5	023-653-2502	023-653-2478
4	㈱福島天香園	960-2156	福島県福島市荒井字上町裏2番地	024-593-2231	024-593-2234
5	㈲植木農園	382-0062	長野県須坂市小島町559	026-245-2664	026-248-2902
6	㈲小町園	399-3802	長野県上伊那郡中川村片桐針ヶ平	0265-88-2628	0265-88-3728
7	㈱前島園芸	406-0821	山梨県笛吹市八代町北1454	055-265-2224	055-265-4284
8	㈲梶田種苗	406-0041	山梨県笛吹市石和町東高橋345	055-262-3284	055-262-3284

本書で紹介した資材の問い合わせ先

資材名	社　名	郵便番号／住所	電話	FAX
ベラボンチャコール	㈱フジック	175-0092 東京都板橋区赤塚1-17-16	03-5997-1011	03-5997-1177
SSボーンA-6	山陽三共有機㈱	744-0061 山口県下松市葉山1丁目819番地14	0833-47-0025	0833-47-0026
採葯機・開葯器・石松子	㈱ミツワ	959-0112 新潟県燕市熊森1345	0256-98-6161	0256-98-6171
採葯機・開葯器・石松子	㈲スズキ技研	400-0862 山梨県甲府市朝気3丁目15番8号	055-222-3826	055-222-3836
風ほのか	キーゼル・エフ㈱	486-0901 愛知県春日井市牛山町字下荒井973番地	0568-33-8696	－
果樹受粉機JH-1	初田工業㈱	555-0013 大阪市西淀川区千舟1丁目4番39号	06-6471-3354	－
汎用散布機DMF330	㈱やまびこ	198-8760 東京都青梅市末広町1-7-2	0428-32-6111	0428-32-6143
汎用散布機MDJ3001-9	㈱丸山製作所	101-0047 東京都千代田区内神田3-4-15	03-3252-2271	03-3252-4724
タイベック	丸和バイオケミカル㈱	101-0041 東京都千代田区神田須田町2-5-2	03-5296-2314	03-5296-2322
楽らくタイベック	双葉商事㈱	406-0802 山梨県笛吹市荒御坂町金川原1187-8	055-263-3145	055-263-2679
果実袋	小林製袋産業㈱	395-8668 長野県飯田市北方101	0265-24-2968	0265-24-7488
	柴田屋加工紙㈱	950-0207 新潟県新潟市江南区二本木4-12-1	025-382-2511	025-382-4491
	星野㈱	950-1455 新潟県新潟市南区新飯田2294-2	025-374-2201	025-374-2171
果実硬度計KM型	㈱藤原製作所	114-0024 東京都北区西ヶ原1-46-16	03 3918-8111	03-3918-8119

著者紹介

富田　晃（とみた　あきら）

1962年、山梨県生まれ、1988年、千葉大学大学院園芸学研究科修士課程修了。1990年から山梨県果樹試験場勤務。

現在、同試験場栽培部長、主幹研究員。博士（農学）。

主に果樹核果類（モモ・スモモ・オウトウ）の栽培、研究に従事。

写真提供　熊本県農業研究センター果樹研究所
山梨県果樹試験場落葉果樹育種科、同落葉果樹栽培科、
同病害虫科

基礎からわかる おいしいモモ栽培

2018年2月15日　第1刷発行
2024年1月10日　第6刷発行

著者　富田　晃

発行所　一般社団法人　農山漁村文化協会
〒335－0022　埼玉県戸田市上戸田2-2-2
電話　048（233）9351（営業）　048（233）9355（編集）
FAX　048（299）2812　振替　00120-3-144478
URL.https://www.ruralnet.or.jp/

ISBN 978-4-540-16118-6　製作／條 克己
〈検印廃止〉　印刷・製本／TOPPAN㈱

定価はカバーに表示
乱丁・落丁本はお取り替えいたします。